$Bi_{0.5}Na_{0.5}TiO_3$基无铅铁电薄膜的储能特性

孙宁宁　李　雍　郝喜红　著

哈尔滨工业大学出版社

内 容 简 介

本书主要介绍作者近年关于 $Bi_{0.5}Na_{0.5}TiO_3$(BNT)基无铅铁电薄膜材料储能方面的研究成果。全书共 10 章,第 1 章综述储能材料包括 BNT 基无铅铁电薄膜的研究现状;第 2 章介绍 BNT 基无铅铁电薄膜的制备及表征方法;第 3～5 章分别介绍 A 位掺杂,B位掺杂及 A、B 位共掺杂 BNT 基无铅铁电薄膜的储能特性;第 6 章介绍 BNT 基弛豫型铁电薄膜的储能特性;第 7 章介绍多重极性结构协同效应激励 BNT 基无铅铁电薄膜的储能性能;第 8 章介绍柔性 BNT 基弛豫型铁电薄膜的储能特性;第 9 章介绍柔性 BNT基多层薄膜的储能特性;第 10 章是关于 BNT 基无铅铁电薄膜储能方面的总结与展望。

本书适合介电储能领域的研究人员及对此领域感兴趣的读者阅读。

图书在版编目(CIP)数据

$Bi_{0.5}Na_{0.5}TiO_3$基无铅铁电薄膜的储能特性/孙宁宁,李雍,郝喜红著. —哈尔滨:哈尔滨工业大学出版社,2022.6

ISBN 978 - 7 - 5603 - 9234 - 9

Ⅰ.①B… Ⅱ.①孙… ②李… ③郝… Ⅲ.①铁电材料-薄膜技术-研究 Ⅳ.①TM22

中国版本图书馆 CIP 数据核字(2022)第 088595 号

策划编辑 王桂芝
责任编辑 杨 硕
出版发行 哈尔滨工业大学出版社
社   址 哈尔滨市南岗区复华四道街 10 号   邮编 150006
传   真 0451—86414749
网   址 http://hitpress.hit.edu.cn
印   刷 哈尔滨圣铂印刷有限公司
开   本 700 mm×1 000 mm 1/16 印张 15.25 字数 264 千字
版   次 2022 年 6 月第 1 版 2022 年 6 月第 1 次印刷
书   号 ISBN 978 - 7 - 5603 - 9234 - 9
定   价 48.00 元

(如因印装质量问题影响阅读,我社负责调换)

前　　言

近年来,能源危机问题日益突显,推进了新能源开发及存储技术的发展。在众多储能器件中,电介质电容器因其充放电速率快、循环使用寿命长、耐高温高压等优势受到了研究者的极大关注,然而其低储能密度限制了其广泛应用。随着电子器件不断向微型化、集成化、轻量化及柔性化发展,电介质电容器的发展将面对更大的挑战,提高储能密度已迫在眉睫。对于电介质电容器,影响其储能密度的关键是其电介质材料。在众多电介质储能材料中,陶瓷薄膜因具有较高的介电常数(极化能力)和击穿场强(BDS)而能获得优异的储能特性,并且薄膜材料具有体积小、质量轻、易集成的特点,使其能更加顺应微电子系统的发展趋势。此外,薄膜还可以柔性化,有望在柔性电子技术(卷曲显示器、可穿戴设备、植入式生物传感器)等新兴领域得以应用,为电介质电容器的用途开辟新的道路。

长期以来,大部分储能薄膜的研究主要集中于铅基材料,因为含铅材料往往具备出色的绝缘性能和极化特性,但其本身具有毒性,故在生产及使用过程中难免对环境和人类健康造成危害,这严重限制了铅基薄膜的广泛应用。因此,开发高储能密度的非铅基薄膜材料成为一项紧迫且具有实际意义的课题。$Bi_{0.5}Na_{0.5}TiO_3$(BNT)是一种典型的钙钛矿 ABO_3 型铁电体,室温时为三方相,展现出较强的铁电性。由于其 A 位 Bi^{3+} 拥有与 Pb^{2+} 类似的 $6s^2$ 孤对电子结构,可产生与铅基材料等同的高极化,因此被认为是最有希望替代铅基材料的无铅储能材料之一。但是纯 BNT 薄膜的铁电畴之间存在强耦合效应,通常导致较高的能量损耗及明显的滞后行为,剩余极化较高,使其很难获得理想的表现。因此对于 BNT 基薄膜,如何保证体系高极化的同时有效降低剩余极化强度是研究者们一直以来关注的重点。而且,纳米尺度厚的陶瓷薄膜本身完全可以进行良好的机械弯曲,但往往受硬质基底夹持效应的限制而无法实现。因此,利用耐高温的柔性基底来生长高性能的 BNT 基薄膜,有望实现柔性与高储能的集成,对 BNT 基薄膜的多元化应用具有重要的推动意义。

本书基于以上科学事实,结合作者的研究工作及此领域的重要文献撰写而成。本书利用作者近年关于 BNT 基薄膜材料的铁电、介电及储能等方面的研究成果,对其电学性能及储能特性进行系统的分析和探究,旨在获得优化和调控铁电材料储能特性的方法和规律,为高性能电介质储能器件的开发和应用奠定基础。

参加本书撰写的人员有:孙宁宁(第 2、3、4、5、9 章)、李雍(第 6、7、8、10 章)、郝喜红(第 1 章)。在本书撰写过程中,内蒙古科技大学材料与冶金学院的各位领导和同事给予了大力支持。另外,本书的研究工作还得到了内蒙古自治区自然基金(2019zd12、2019LH05014)、内蒙古青年科技人才项目(NJYT22061)和内蒙古"草原英才"创新团队项目的支持,在此一并表示衷心的感谢。

由于作者水平有限,书中难免存在疏漏及不足之处,欢迎读者批评指正。

作 者

2022 年 2 月

目　　录

第1章 绪 论

1.1 概 述

21世纪以来,科学技术的日新月异和社会经济的迅猛发展在极大提高人们生活水平的同时也使人们对能源的需求不断增加。随着传统化石燃料能源的过度消耗及其伴随的高污染问题日益严峻,能源与环境问题俨然成为当今世界面临的巨大挑战。开发和利用清洁环保的可再生能源成为当务之急。随着光伏、潮汐、风热等绿色可再生能源发电技术的不断推广,高效的电能储存技术也越发成为能源领域研究的热点。目前,主流的储能器件主要有电池、电化学电容器和电介质电容器三类。由于储能机理和充放电过程不同,它们的能量密度与功率密度存在很大差异,如图1.1所示。电池的储能过程依赖于阴阳电极附近的氧化还原反应,拥有最高的储能密度,适用于长期稳定地储存和对外供应电能。但其内部载流子迁移缓慢、输出功率极低的缺点,制约了它在高功率系统中的应用。电化学电容器主要利用双电层电容器和氧化还原反应产生的法拉第电容储能,其功率密度介于电池和电介质电容器之间,但充放电速度仍

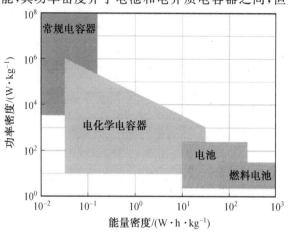

图1.1 不同储能器件的能量密度与功率密度对比图

不够迅速,充放电过程需要几秒甚至几十秒,这使得它在高功率系统中的应用依然受到限制,而且其结构复杂以及受频率、温度和压力的影响很大,对应用环境的要求较为严苛。

相比之下,电介质电容器利用偶极子的极化作用储能,拥有更高的功率密度,其充放电速度可快至微秒甚至纳秒级,具有其他储能器件所无法比拟的本征优势。同时该类器件与电化学电容器和电池相比,具有极高的循环使用寿命和更高的安全性,这使得电介质电容器在绿色间歇性能源储存、脉冲功率系统、电网系统、混合动力电车、医疗设备以及军事设施等多个领域都有良好的应用前景。然而,与电池和电化学电容器相比,电介质电容器储能密度较低,这严重阻碍了其应用进程。同时,现代电子设备不断向微型化、轻量化、集成化发展的趋势,对电介质电容器的储能特性提出了更高的要求。因此,如何提高电介质电容器的储能密度是当前亟待解决的难题。对于电介质电容器来说,影响其储能密度的关键因素是电介质材料,因此开发高储能密度的电介质材料成为迫切且极具工程意义的课题。

1.2　电介质电容器简介

1.2.1 电介质电容器的储能机制

电介质电容器由上下两端的平行导电极板和中间电介质层组成,依托电介质极化和去极化过程实现电能的储存与释放。如图 1.2 所示,当对电容器施加电压时,电介质材料的偶极子沿电场方向转动,并在介质层表面感生出束缚电荷,即发生极化(极化强度为 P,极化方向与外电场方向一致),进而在电极板上吸引并积累大小相等、电性相反的自由电荷,这一过程称为充电过程。感应电荷产生的内电场(E_{in})与外电场(E_{ext})方向相反。电介质材料在电场作用下逐步极化,感应电荷不断增多,电能以静电能的形式储存起来,当 E_{in} 与 E_{ext} 大小相等时,电荷量(Q)不再增加,充电完成。当撤去外电场后,电介质材料开始去极化,储存的静电能对外负载输出,这一过程称为电容器的放电过程。

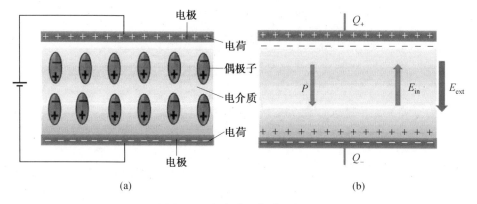

图 1.2　电介质电容器示意图

1.2.2　电介质电容器的评价参数

1. 储能密度

电容器的储电能力与电容(C)、极化强度(P)以及外加场强(E)密切相关。电容与电极的面积与电介质的介电常数有关,其公式为

$$C = \frac{\varepsilon_0 \varepsilon_r A}{d} \tag{1.1}$$

式中,ε_0、ε_r、A 和 d 分别为真空介电常数、介电材料的相对介电常数、电极面积和介电材料的厚度。施加电压(V)时,电容器积累的电荷量(Q)为

$$Q = CV = \frac{\varepsilon_0 \varepsilon_r A}{d} V \tag{1.2}$$

在充电时,外部电场导致电荷发生移动,静电能储存在电介质层中,根据能量守恒定律可以得知,电容器所储存的电能等于电场对系统所做的功。其中,电场对系统做的总功(U_{st})可由下式获得:

$$U_{st} = \int_0^{Q_{max}} V dq \tag{1.3}$$

式中,Q_{max} 为电容器在充电完成后所能储存的最大电荷量;dq 为电荷的增量。

那么,单位体积内所储存的能量,即总储存的能量密度可表示为

$$W_{st} = \frac{U_{st}}{Ad} = \frac{\int_0^{Q_{max}} V dq}{Ad} = \int_0^{D_{max}} E dD = \int_0^{E_{max}} \varepsilon_0 \varepsilon_r E dE \tag{1.4}$$

式中,D 为电位移,即电介质材料的表面电荷密度,$D = \dfrac{Q}{A}$;E 为场强,$E = V/d$。

电介质材料的电位移与极化强度的关系为 $D=P+\varepsilon_0 E$。对于线性电介质材料而言,其介电常数基本不变,式(1.4)可表示为

$$W_{rec}=\frac{1}{2}PE=\frac{1}{2}\varepsilon_0\varepsilon_r E^2 \qquad (1.5)$$

式中,W_{rec} 为储能密度。

对高介电常数材料而言,$D\approx P$。因此,式(1.4)可表示为

$$W_{st}=\int_0^{P_{max}}E\mathrm{d}P \qquad (1.6)$$

因此,能量密度可以通过计算 $P-E$ 回线与极化轴的积分面积求得。如图1.3 所示充电(极化)过程 $P-E$ 回线与极化轴所夹面积(深色阴影区域加上浅色阴影区域)为总储存的能量密度 W_{st},放电(去极化)过程 $P-E$ 回线与极化轴所夹面积(深色阴影区域)为可释放的储能密度(W_{rec}),可表示为

$$W_{rec}=\int_{P_r}^{P_{max}}E\mathrm{d}P \qquad (1.7)$$

式中,P_{max} 和 P_r 分别为最大极化强度和剩余极化强度。从式(1.7)可以看出,要想获得理想的可释放的储能密度,电介质材料需具备大的最大极化强度、小的剩余极化强度和高的击穿场强(BDS)。

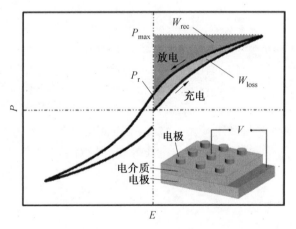

图1.3　电介质电容器的 $P-E$ 电滞回线及能量密度示意图

2. 储能效率

在实际应用中,储能效率(η)也是衡量电介质电容器储能特性的重要参数。电容器在放电过程中,不可避免地会产生能量损耗(W_{loss}),这主要是极化滞后、漏电等引起的,且大多会以热能的形式散发在器件内部。W_{loss} 可由图1.3 中充放电过程 $P-E$ 回线所包围的面积(浅色阴影区域)计算得出。高的能量损耗

不仅会造成能源的浪费,还会在使用过程中导致电容器温度升高造成器件损坏,甚至影响周围其他器件的使用。因此,在提高储能密度的同时,保证高的储能效率(低的能量损耗)是非常必要的。储能效率可表示为

$$\eta = \frac{W_{rec}}{W_{st}} = \frac{W_{rec}}{W_{rec} + W_{loss}} \tag{1.8}$$

3. 频率稳定性、温度稳定性和耐疲劳特性

频率稳定性、温度稳定性和耐疲劳特性是考察电介质电容器的重要参数,它们决定了电介质电容器可工作的频率、温度范围及使用寿命。一般通过在不同频率或温度范围内测试固定场强下的 $P-E$ 回线的变化来说明电介质电容器的频率稳定性或温度稳定性;在固定外界条件(频率、温度、电场)下循环测试 $P-E$ 回线的变化来衡量电介质电容器的耐疲劳特性。

1.2.3 电介质电容器的分类

目前研究最为广泛的电介质电容器依据其电介质材料的不同主要分为:聚合物基电介质电容器和陶瓷基电介质电容器。

1. 聚合物基电介质电容器

聚合物基电介质电容器是指选用聚合物为电介质材料的电容器。聚合物储能介质材料主要集中于聚偏氟乙烯(PVDF)及其共聚物。这类材料一般具有成本低、易于加工、击穿场强高(>7 MV/cm)、柔韧性好等特点,近年来在柔性电子领域具有较高热度,但介电常数低、耐热性差(最高工作温度<100 ℃)的缺点限制了其在储能领域的广泛应用。PVDF 的介电常数通常为 $6\sim12$,其极化很容易在低电场条件下过早达到饱和,不可避免地导致储能密度较低,如在 2 000 kV/cm 的场强下,仅能获得 $2\sim3$ J/cm³ 的储能密度。为改善 PVDF 的储能特性,研究者们通常将纳米级无机颗粒填充到 PVDF 中以提高其介电常数。Dang 等人将高介电常数的 $BaTiO_3$ 陶瓷颗粒添加到 PVDF 中制备 BT/PVDF 复合材料,在 100 Hz 频率下添加量为 50%(体积分数)时,复合材料的介电常数提高到 50。Wang 等人将多壁碳纳米管(P-MWCNTs)导电材料填充到 PVDF 基体中,在其内部形成"超电容网络",介电常数得到显著提高,其中 5%(质量分数) P-MWCNTs/PVDF 复合材料的介电常数达到 23.8,较纯的 PVDF 提高了 2.2 倍。然而,聚合物与无机颗粒之间界面相容性差及无机颗粒易团聚等问题不可避免,使得聚合物基复合材料介电性能的提高往往以牺牲击穿场强和机械性能为代价,导致储能密度受限,柔韧性、加工性能变差。虽然目前有很多研究提出可以通过对无机颗粒进行表面改性来解决以上难题,但难度系数高、工艺复杂。另外,聚合物材料自身熔点低、散热性差,在高温环境

下介电性能会迅速恶化,引发热击穿导致性能失效,因此聚合物材料对环境温度的要求较为苛刻,限制了该类材料的实际应用。

2. 陶瓷基电介质电容器

以陶瓷材料为电介质的电容器为陶瓷基电介质电容器。与聚合物材料相比,陶瓷基电介质往往表现出极高的介电常数和极化强度,在较小的电场下就能拥有可观的储能密度,而且陶瓷材料具有更好的温度稳定性,能够在宽温区范围内稳定工作,使得陶瓷基电介质电容器在储能领域具有更加广阔的应用前景。然而,与聚合物材料相比,陶瓷材料击穿场强较低,这在很大程度上制约了陶瓷基电介质电容器的储能密度。陶瓷材料根据尺寸维度可以分为块体陶瓷和陶瓷薄膜。块体陶瓷由于体积较大,拥有更大的能量储存容量,并且可以在更高的电压下实现快速充放电,能够为新能源电动汽车、各种大型电力电子设备,尤其脉冲功率系统提供动力。但是,由于块体陶瓷击穿场强较小,因此储能密度偏低,通常小于 5 J/cm^3。近年来,通过流延法改善陶瓷的致密度,极大地提高了陶瓷材料的击穿场强和储能密度,尤其是在多层陶瓷储能电容器方面取得了重要进展。Zhao 等人在 $(Pb_{0.92}La_{0.02}Ca_{0.06})(Zr_{0.6}Sn_{0.4})_{0.995}O_3$(PLCZS)多层电容器中获得了巨大的储能密度(15.9 J/cm^3)和储能效率(92%)以及良好的工作稳定性,其储能表现如图 1.4 所示。然而,块体陶瓷由于受尺寸和脆性的制约,难以满足电子器件微型化、集成化、柔性化的使用要求,所以促进了薄膜陶瓷储能材料的发展。与块体陶瓷相比,薄膜陶瓷体积小,能够在非常低的电压条件下获得高的场强和储能密度,而且质量轻,可柔性化、集成度高,具有更大的应用潜力。

(a)

图 1.4　(a)PLCZS 多层电容器的断面扫描电子显微镜(SEM)图;PLCZS
多层电容器在(b)不同场强、(c)不同温度和(d)不同频率下的储能特性

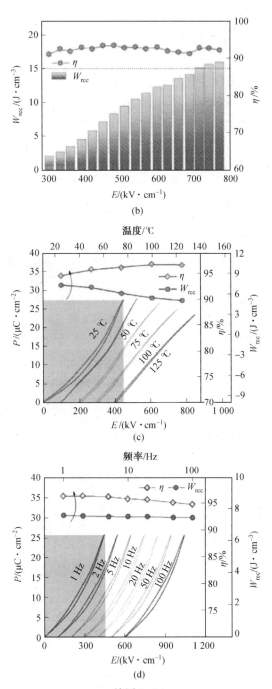

续图 1.4

1.3　无机薄膜储能材料的分类及发展现状

薄膜电介质材料按其极化特性可大致分为线性材料、铁电材料、弛豫型铁电材料及反铁电材料四类,图 1.5 展示了它们的电畴结构以及介电常数和极化强度随电场的变化关系。

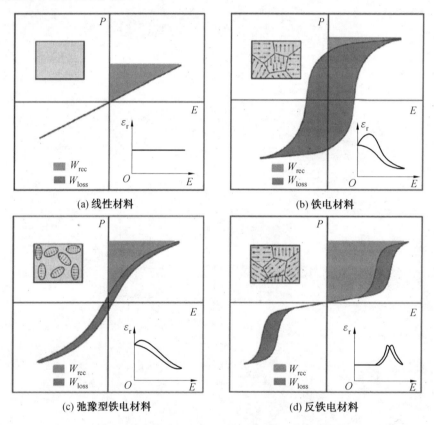

图 1.5　电介质材料的电畴结构以及介电常数和极化强度随电场的变化关系

1.3.1　线性材料的储能特性

典型的线性电介质材料(如 Al_2O_3、HfO_2)由于不存在永久偶极子,通常表现出几乎恒定的介电常数,极化强度随电场的升高呈线性增加,不存在滞后行为,如图 1.5(a)所示。顺电材料如 $CaTiO_3$ 和 $SrTiO_3$,虽然存在永久偶极子,但没有畴结构,电偶极子可以随电场自由翻转,在较低的电场作用下,介电常数变化不大,表现出类似线性的 $P-E$ 回线,所以通常把它们也归为线性材料。线性材料具有高的储能效率和击穿场强,但低的介电常数导致其储能密度低。因此,提高线性电介质材料的介电常数是提高其储能密度的关键。Holger 等人利用原子层沉积(ALD)技术制备了纯 Al_2O_3 薄膜及 Al_2O_3/ZrO_2 和 Al_2O_3/TiO_2 多层薄膜,因为 ZrO_2 和 TiO_2 的介电常数比 Al_2O_3 高,所以制备的多层薄膜均显示出比纯 Al_2O_3 薄膜高的介电常数,同时研究发现介电常数随着薄膜厚度的增加而降低,击穿场强则呈现相反趋势。结果显示,7.6 nm 厚的 Al_2O_3/TiO_2 多层薄膜显示出最大的储能密度,达到 60 J/cm^3。Zhang 等人利用 ALD 技术在 LNO($LaNiO_3$)/Pt/Si 基底上制备了单斜相与四方相共存的 HfO_2 薄膜,单斜相最为稳定($\varepsilon_r=17$),而四方相介电常数较高($\varepsilon_r=35$),因此混合相结构有利于获得较高的介电常数。Pt 与 HfO_2 之间存在扩散,导致太薄的 HfO_2 薄膜(厚度为 21 nm)介电常数较低,约为 17.63 nm 厚的 HfO_2 显示出最大的介电常数,达到 26,并在 4 250 kV/cm 电场条件下获得了最大的储能密度(21 J/cm^3)。Zhang 等人通过调节退火温度,在 $SrTiO_3$ 基体上引入富 Na 和 Bi 的纳米极性团簇,在保证高击穿场强的同时极大地提高了介电常数和极化强度,最终在退火温度为 550 ℃ 的 $Sr_{0.995}(Na_{0.5}Bi_{0.5})_{0.005}Ti_{0.99}Mn_{0.01}O_3$ 薄膜中获得了非常理想的储能特性,储能密度达到 65.3 J/cm^3,储能效率为 70.8%,如图 1.6 所示。

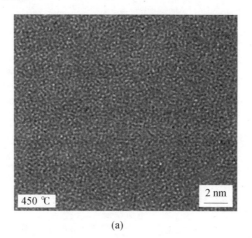

(a)

图 1.6　(a)、(b)不同退火温度下的 $Sr_{0.995}(Na_{0.5}Bi_{0.5})_{0.005}Ti_{0.99}Mn_{0.01}O_3$ 薄膜的高分辨透射电子显微镜(TEM)图;薄膜(c)在相同电场下的 $P-E$ 回线及(d)在不同电场下的储能表现

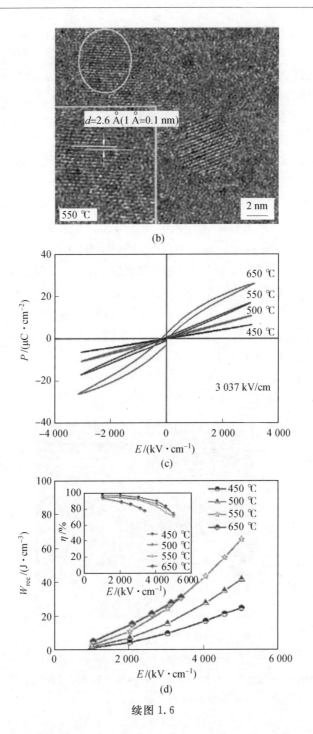

续图 1.6

1.3.2　铁电材料的储能特性

铁电材料最大的特征就是具有自发极化和宽的电滞回线,如图 1.5(b)所示。自发极化的方向是随机的,自发极化方向相同的区域称为电畴。当施加外加场强时,电畴朝电场的方向发生翻转,所以铁电材料通常表现出较大的介电常数和饱和极化强度。但是,铁电畴之间的强耦合效应,往往引起强的滞后现象和损耗,从而导致大的剩余极化和低的击穿场强。因此,常规的铁电材料可回收的储能密度和储能效率往往都非常低,不适用于储能应用。目前对铁电储能材料的研究主要集中在提高击穿场强和降低剩余极化上。Zhang 等人以 $PbZr_{0.52}Ti_{0.48}O_3$(PZT)薄膜作为铁电体,以 Al_2O_3(AO)薄膜作为绝缘体,构建了反向双异质结(铁电体-绝缘体-铁电体)结构,如图 1.7(a)所示。由于两者之间的费米能级不同,因此会在异质结面内形成内建电场,内建电场不仅可以抵消一部分外电场,还会降低 AO 层载流子的浓度,提高了 AO 层的绝缘强度和 PZT/AO/PZT 薄膜的击穿场强。同时,通过调节退火温度对薄膜的极化行为进行调控。当退火温度为 550 ℃时,薄膜由于部分结晶表现出低能量耗散的线性 $P-E$ 回线(图 1.7(b)),在 5 711 kV/cm 的电场条件下获得了高的储能密度(63.7 J/cm^3)和储能效率(81.3%)。Ouyang 团队在 SR($SrRuO_3$)缓冲的 ST($SrTiO_3$)基底上开发了 $BiFeO_3$/$BaTiO_3$(BF/BT)铁电双层薄膜,BT 层的缓冲作用使得 BF/BT 双层膜中的 BF 膜的致密度和平滑度得到显著改善,BF/BT 铁电双层薄膜的漏电流相比单层的 BF 铁电膜大幅度降低,如图1.7(c)所示。得益于 BF 的高饱和极化和 BT 的高击穿场强,BF/BT 铁电双层膜基于层间耦合效应在高施加场下呈现出细长且大饱和极化的 $P-E$ 回线,如图 1.7(d)所示。BF/BT 铁电双层膜在 2 600 kV/cm 电场作用下,获得了51.2 J/cm^3 的储能密度(比单层 BT 薄膜提高了 85%),储能效率为 75%。通过上述现象,他们又在 LNO 缓冲的 PT($PbTiO_3$)/Si 基底上制备了 BF/BT 双层膜,获得了更高的储能密度(71 J/cm^3)和储能效率(61%)。另外,降低剩余极化的研究主要集中于通过离子掺杂或固溶取代的方法将常规铁电材料转变为弛豫型铁电材料,关于这一点将在 1.3.3 节中进行详细阐述。

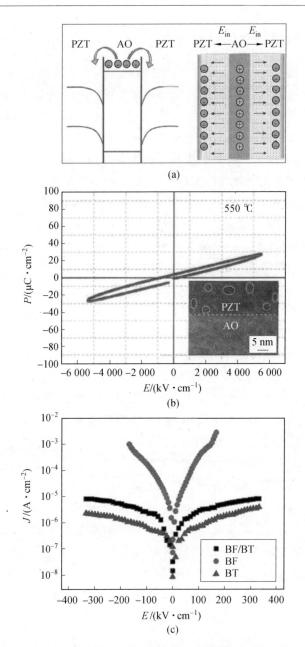

图 1.7 （a）PZT/AO/PZT 相反的双异质结结构示意图；（b）退火温度为 550 ℃ 的 PZT/AO/PZT 薄膜的 $P-E$ 回线；BT、BF 和 BF/BT 双层膜的（c）电流密度—场强（$J-E$）曲线和（d）$P-E$ 回线

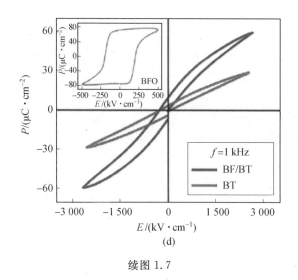

(d)

续图 1.7

1.3.3　弛豫型铁电材料的储能特性

弛豫型铁电材料中的电畴尺寸较小(通常为纳米级),畴与畴之间的耦合效应相比铁电材料有所降低,纳米畴对电场的反应非常灵敏,滞后和损耗也相对较小,因此表现出比铁电材料窄的电滞回线,剩余极化较小,如图 1.5(c)所示。通常,通过对铁电体进行离子掺杂或固溶改性,可以打乱铁电体内长程有序的铁电宏畴,形成短程有序的纳米畴或极性纳米区域,实现铁电态到弛豫态的转变,如图 1.8 所示。弛豫型铁电体保留了常规铁电体的高饱和极化强度,但剩余极化显著降低,击穿场强有所提高,这使其可以兼具更高的储能密度和储能效率。弛豫型铁电材料被认为是最具潜力的储能电介质。

当前对弛豫型铁电储能材料的研究主要集中于 $PbTiO_3$(PT)基、(Pb,La)(Zr,Ti)O_3(PLZT)基弛豫型铁电体,BT 基、BF 基和 $Bi_{0.5}Na_{0.5}TiO_3$(BNT)基弛豫型铁电体等。Wang 等人研究了膜厚对 0.9PMN(Pb($Mg_{1/3}Nb_{2/3}O_3$))—0.1PT 弛豫型铁电薄膜微观结构和储能特性的影响,发现薄膜与电极之间的界面层的影响在界面附近最大,随着距离界面的增加逐渐减小。当薄膜较厚时,界面对薄膜的最终性能影响不大,因为膜的介电常数和极化也会增加。通过韦伯分布分析得到 375 nm、500 nm 、750 nm 和 1 000 nm 厚度的 PMN—PT 薄膜的 BDS 值分别为 1 700 kV/cm、2 330 kV/cm、2 620 kV/cm 和 1 920 kV/cm。因此,在 750 nm 厚的 PMN—PT 薄膜中获得最大的储能密度,为 31.3 J/cm^3。Xie 等人制备的 $PbTiO_3$—Bi($Ni_{0.5}Ti_{0.5}$)O_3 弛豫型铁电薄膜在 3 130 kV/cm

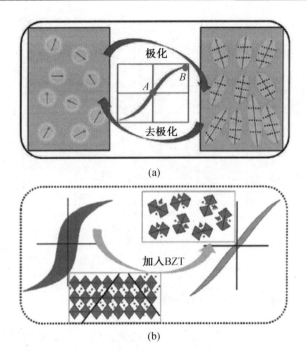

图1.8 (a)弛豫型铁电体中极性纳米区域(PNRs)随电场变化的示意图;
(b)$BaZn_{1/3}Ta_{2/3}O_3$(BZT)加入到 BF 基体中导致剩余极化降低的畴结构演化示意图

电场条件下获得 62 J/cm^3 的储能密度。Hu 等人利用脉冲激光沉积(PLD)技术在 $SrTiO_3$(001)单晶基底上制备了 $Pb_{0.92}La_{0.08}Zr_{0.52}Ti_{0.48}O_3$ 外延薄膜,在 2 270 kV/cm电场作用下获得了 31 J/cm^3 的储能密度,比同等厚度的多晶薄膜提高 41%。而且,由于少量的缺陷和晶界,$Pb_{0.92}La_{0.08}Zr_{0.52}Ti_{0.48}O_3$ 外延薄膜具有良好的温度稳定性,其储能密度在室温至 180 ℃的温度范围内的变化几乎可以忽略不计。Sun 等人通过构造 $Ba_{0.7}Ca_{0.3}TiO_3/BaZr_{0.2}Ti_{0.8}O_3$ 多层膜,利用多层界面有效抑制了电树的生长,使得 BDS 显著提高,达到4 500 kV/cm,获得了 52.4 J/cm^3的高储能密度,储能效率为 72.3%。Hao 等人将 $SrTiO_3$ 加入 $BiFeO_3$ 在基体中形成 PNRs,使其发生了从铁电态向弛豫态的转变,同时提高了薄膜的储能密度和储能效率,而且 $SrTiO_3$ 的加入有效抑制了氧空位的形成,大大提高了薄膜的电绝缘性和 BDS。通过调节 $SrTiO_3$ 的掺杂浓度(摩尔分数,下同)进一步优化储能特性,最终 $BiFeO_3-0.75SrTiO_3$ 在 4 460 kV/cm 电场条件下获得了最大的储能密度,达到 70 J/cm^3,储能效率为 68%。此外,他们在 $BiFeO_3-BaTiO_3-SrTiO_3$ 固溶薄膜中设计并实现了嵌入在立方相基体中的三方相(R)和四方相(T)纳米畴共存的多态纳米畴结构,如图 1.9(a)和

(b)所示。既保证了高极化又实现了小的滞后,并获得了 112 J/cm³ 的高储能密度和 80% 的高储能效率,如图 1.9(c)所示。

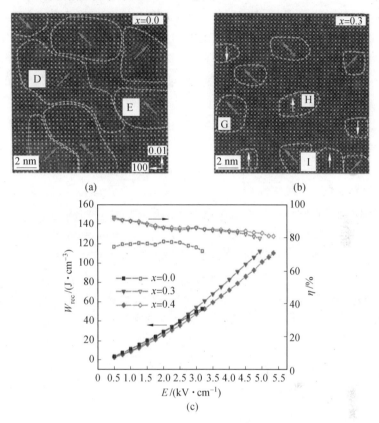

图 1.9 (a)、(b)(0.55-x)BF-xBT-0.45ST 薄膜的高角度环形暗场扫描透射电子显微镜(HAADF-STEM)图(白色箭头区域为 R 相,灰色箭头区域为 T 相);(c)不同 BF-BT-ST 薄膜在低于击穿场强下的储能特性

1.3.4 反铁电材料的储能特性

不同于铁电材料,反铁电材料相邻晶格上的自发极化呈反向平行排列,因此其在宏观上不显示自发极化且在低电场下表现出较低的剩余极化和可忽略的滞后现象。但是在高电场下,反向平行的极化会转换成平行排列的极化而表现出宏观铁电性,发生反铁电-铁电相变,因此反铁电材料具有独特的双电滞回线,如图 1.5(d)所示。反铁电材料在低电场下对外不显示极性,剩余极化接近于 0,但是当高电场下发生相转变时又会具有铁电材料的高极化和较强的滞

后,因此具有较高的储能密度和相对较低的储能效率。如 Hu 等人制备的 PLZT(4/98/2)反铁电薄膜极化强度可以达到 110 $\mu C/cm^2$,储能密度可以达到 61 J/cm^3,但储能效率却不足 35%。提高反铁电材料的相转变电场和降低相转变之后的滞后行为是提高其储能效率的关键。Li 等人在 $PbZrO_3$(PZ)反铁电薄膜中掺杂 Ca^{2+} 提高了薄膜(即 PCZ 薄膜)的致密度进而增加了 BDS。而且由于 Ca^{2+} 和 Pb^{2+} 共同占据 A 位诱发了弥散相变行为,使得滞后降低 $P-E$ 回线变细,同时 Ca^{2+} 的离子半径小于 Pb^{2+},有效减小了容忍因子值,提高了相转变电场,增加了反铁电相的稳定性,如图 1.10(a)所示。综合以上因素,在 Ca^{2+} 掺杂浓度为 12% 时 PCZ 薄膜获得了最优异的储能表现:击穿场强达到 2 787 kV/cm,储能密度达到 50.2 J/cm^3,储能效率达到 83.1%,分别较纯 PZ 薄膜提高了 120%、261% 和 44.8%。他们又进一步研究了退火温度对 PCZ 反铁电薄膜储能特性的影响。通过降低退火温度,制备出具有纳米晶结构的烧绿石相 PCZ 薄膜,拥有超高的电击穿场强(4 993 kV/cm)和高电场下的线性响应,如图 1.10(b)所示,使其获得了超高的储能特性,储能密度达到 91.3 J/cm^3,储能效率为 85.3%,这是迄今为止报道过的反铁电领域的最高水平。当前,反铁电储能材料的研究主要集中于铅基材料,虽然铅基材料具有优异的储能特性,但其毒性会威胁环境和人类健康,所以非铅基的反铁电材料开始逐渐受到人们的关注,如 $AgNbO_3$、$NaNbO_3$ 和 HfO_2,其中对 $AgNbO_3$ 和 $NaNbO_3$ 反

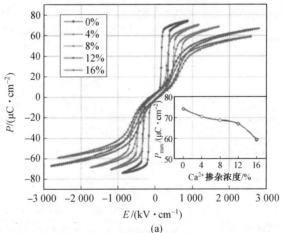

图 1.10　(a)650 ℃退火温度下不同 Ca^{2+} 掺杂浓度的 PCZ 薄膜的 $P-E$ 回线;(b)550 ℃退火温度下 12% Ca^{2+} 掺杂浓度的 PCZ 薄膜的 $P-E$ 回线

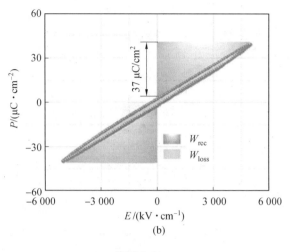

续图 1.10

铁电材料的研究主要集中在陶瓷材料上。尽管 HfO_2 是一种线性电介质材料，但掺杂 Zr、Si 等后，HfO_2 会表现出类反铁电材料的双电滞回线。Keum 等人在 7.1 nm 厚的 $Hf_{0.3}Zr_{0.7}O_2$ 薄膜中获得了 55 J/cm³ 的储能密度和 57% 的储能效率。Ali 等人采用 6% 掺杂 Si 的 HfO_2 薄膜，储能密度达到 61.2 J/cm³，储能效率为 65%。

1.4 BNT 基弛豫型铁电薄膜的储能研究基础

1.4.1 BNT 的基本性质

钙钛矿 ABO_3 结构是一种常见的晶体结构，最初是从天然的矿物质 $CaTiO_3$ 中发现这种结构的，理想的 ABO_3 属于立方晶系。其中，A 位一般被低价态且离子半径较大的金属离子占据，位于立方晶胞的 8 个顶点位置；B 位一般被高价态且离子半径较小的金属离子占据，位于立方晶胞的体心；O^{2-} 则位于立方晶胞的 6 个面心位置。研究较早的钙钛矿结构物质有 $BaTiO_3$、$PbZrO_3$ 等。图 1.11 为钙钛矿结构的晶胞示意图。实际上，钙钛矿结构对 A 位和 B 位的元素的化合价并未严格地限制为 A^{2+} 和 B^{4+}，通常只要满足 A 位阳离子的平均化合价为 +2 价，B 位阳离子的平均化合价为 +4 价，或者 A、B 位阳离子化合价混合加和为 +6 价即可。同时，A、B 位离子的离子半径也可以在一定的范围内变化，通常要求三个位置的离子半径满足如下关系式：

$$R_A + R_B = t\sqrt{2}(R_B + R_O) \tag{1.9}$$

式中，R_A、R_B、R_O 分别为 A、B、O 的离子半径；t 为可变因子，当 t 在 $0.77 \sim 1.1$ 内变化时为钙钛矿相，当 $t < 0.77$ 时为铁钛矿相，当 $t > 1.1$ 时为方解石或文石相结构。

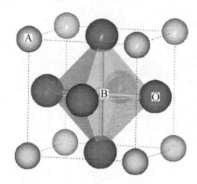

图 1.11　钙钛矿结构的晶胞示意图

从以上结论可知，钙钛矿结构具有很好的结构可调控性，可以通过对 A 位置或者 B 位置引入新的元素对其进行结构微调，从而出现一些纯相所不具备的优良性能，这就为研究此类结构物质提供了思路。图 1.12 为钙钛矿结构通过 A、B 位置引入新的元素发生畸变的示意图。

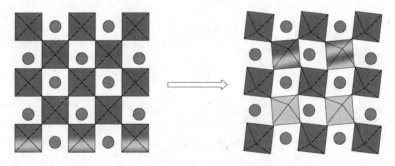

图 1.12　钙钛矿结构畸变示意图

$Bi_{0.5}Na_{0.5}TiO_3$（BNT）是一种典型的 A 位离子复合取代的 ABO_3 钙钛矿型铁电体，于 20 世纪 60 年代由 Smolenskii 首次合成，其晶体结构如图 1.13 所示。Bi^{3+} 和 Na^+ 共同占据晶胞顶角位置的 A 位，比例为 $1:1$；Ti^{4+} 占据晶胞体心位置的 B 位；而 O^{2-} 则占据立方体的面心位置构成氧八面体。A 位离子位于氧八面体围成的空隙中心，B 位离子位于氧八面体中心。BNT 晶格中 A 位阳离子 Bi^{3+} 和 Na^+ 的无序分布使其具有复杂的相变过程：低于 200 ℃（退极化温度)时为三方铁电相,高于 320 ℃(居里温度)时为四方顺电相,而在 200～320 ℃之间则表现为三方相与四方相共存。BNT 得益于 A 位(Na,Bi)$^{2+}$ 结构,尤其是 Bi^{3+} 在 $6s^2$ 轨道的孤对电子作用,具有较高的极化强度,因此在无铅储能领域备受关注。

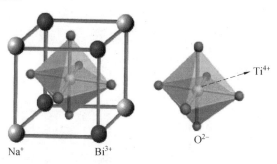

图 1.13　$Bi_{0.5}Na_{0.5}TiO_3$ 晶体结构示意图

1.4.2　BNT 基储能薄膜的研究现状

室温下,纯的 BNT 薄膜具有较宽的电滞回线,其剩余极化强度和矫顽场都很大,所以在充放电过程中很大一部分能量以热能的形式散失,导致击穿场强不高,储能密度和储能效率都比较低。另外,由于 Na 和 Bi 元素易挥发且存在 Ti^{4+} 到 Ti^{3+} 间的变价导致氧空位浓度较大,使得 BNT 薄膜漏电流较大,同样制约了其储能特性的提高。当前,在 BNT 基体系储能方面的研究主要集中在通过离子掺杂或固溶取代来改善材料的击穿场强和降低剩余极化强度,以此提高材料的储能特性。Zhang 等人发现 Mn^{2+} 掺杂不仅可以降低 BNT－ST($SrTiO_3$)的漏电流,提高击穿场强,还可以有效地增大 $P_{max}－P_r$ 值。这是因为 Mn^{2+} 掺杂所形成的$[Mn^{2+}－V_O^{2-}{}^{\cdot\cdot}]$缺陷偶极子会产生缺陷极化,为电畴的可逆翻转提供了一个固有的恢复力,从而使剩余极化降低,电滞回线变得细长。同时 Mn^{2+} 置换 Ti^{4+},晶格失配使得晶格间产生压缩应力,导致吉布斯自由能各向异性变弱,降低了铁电畴的翻转势垒使饱和极化增强。随后他们通过构建 $Sr_{0.3}(Na_{0.5}Bi_{0.5})_{0.7}Ti_{0.99}Mn_{0.01}O_3/Sr_{0.6}(Na_{0.5}Bi_{0.5})_{0.4}Ti_{0.99}Mn_{0.01}O_3$ 多层薄膜的方式,利用两者之间介电常数和极化强度的差异,基于电场放大效应和界面耦合效应获得了高的击穿场强和极化强度,使薄膜的储能特性得到显著提高,$N=3$ 多层薄膜在击穿场强(2 612 kV/cm)下,储能密度达到 60 J/cm^3,储能效率为 51%。Peng 等人利用 PLD 技术在 $SrTiO_3$ 单晶基底上制备了铁电相与反铁电相共存的$(Bi_{0.5}Na_{0.5})_{0.9118}La_{0.02}Ba_{0.0582}(Ti_{0.97}Zr_{0.03})O_3$(BNLBTZ)外延薄膜,高的外延质量、大的弛豫弥散及在准同型相界附近共存的铁电/反铁电相共同赋予其优异的储能特性、抗疲劳特性和热稳定性。其中,(111)取向的BNLBTZ 外延薄膜储能密度高达 154 J/cm³,储能效率高达 97%,如图 1.14 所示,这是目前所报道的 BNT 基体系中最高的储能密度与储能效率。

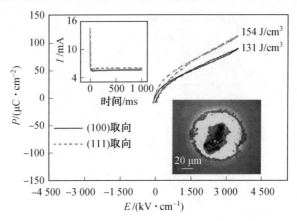

图 1.14　(100)和(111)取向的 BNLBTZ 外延薄膜的 $P-E$ 回线,插图为漏电流和击穿电极的光学照片

1.4.3　BNT 基柔性薄膜的研究现状

近年来,移动互联网技术的发展推动了便携式电子产品的不断进步,新一代柔性、可折叠,甚至可穿戴的电子设备不断涌现,激发了人们对高性能柔性薄膜材料的研究兴趣。如今所研究的 BNT 基无铅铁电薄膜(以下简称 BNT 薄膜)大多是生长在耐高温的 Si 或 $SrTiO_3$ 单晶等硬质基底上,基底的夹持效应限制了它们的柔韧特性。制备柔性 BNT 薄膜通常是将其与聚合物复合,利用有机聚物的柔性和 BNT 的高介电性获得高性能的柔性有机－无机复合薄膜。如图 1.15 所示,Lin 等人将 BNT 晶须复合到 PVDF 中,制成 BNT/PVDF 三明治结构的柔性复合薄膜,储能密度达到 30.55 J/cm³,但是这种材料热稳定性差,且其大的能量密度强烈依赖于高的外加场强,严重限制了它们的实际应用。近年来,柔性耐高温金属箔和云母的出现给 BNT 基柔性薄膜带来了新的机遇,BNT 薄膜可以直接生长在无机柔性基底上高温退火,制备高性能的全无机柔性功能材料。如 Guo 等人在云母上生长的 $Na_{0.5}Bi_{0.5}TiO_3-EuTiO_3$ 固溶体薄膜,储能密度高达 65.4 J/cm³,且具备良好的热稳定性(图 1.16)。

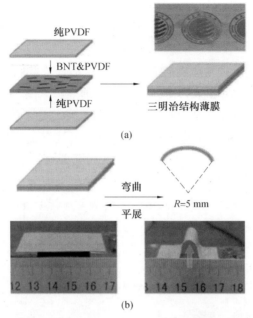

图 1.15　(a)BNT/PVDF 复合膜夹层结构的结构示意图;(b)弯曲测试示意图

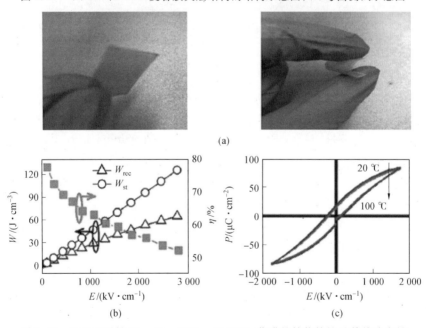

图 1.16　云母基柔性 $Na_{0.5}Bi_{0.5}TiO_3-EuTiO_3$ 薄膜的储能特性及其热稳定性

1.5　本章小结

随着各应用领域对脉冲功率电子器件需求的日益增加,具备高储能密度且环境友好的电介质电容器成为研究人员关注的热门课题。本章除概述了评价电介质电容器储能特性方面的关键参数外,还全面综述了近年来国内外学者在提高线性薄膜、铁电薄膜、弛豫型铁电薄膜及反铁电薄膜储能特性方面的研究进展。另外,BNT薄膜作为非常有潜力的无铅储能材料,本章对其研究现状进行了重点讨论。尽管对于BNT薄膜材料在储能方面的研究已经取得了一些成果,但许多问题仍有待解决,如:储能密度不高、制备工艺复杂等,而且其在高温下的导通损耗、频率依赖性及极化疲劳等问题也没有得到足够的重视,需要进一步研究。

参 考 文 献

[1] YANG L T, KONG X, LI F, et al. Perovskite lead-free dielectrics for energy storage applications[J]. Progress in Materials Science, 2019, 102 (MAY):72-108.

[2] ZOU K L, DAN Y, XU H J, et al. Recent advances in lead-free dielectric materials for energy storage[J]. Materials Research Bulletin, 2019, 113 (MAY):190-201.

[3] HAN S T, ZHOU Y, ROY V. Towards the development of flexible non-volatile memories[J]. Advanced Materials, 2013, 25(38):5424.

[4] CHEUNG Y F, LI K H, CHOI H W. Flexible free-standing Ⅲ-nitride thin films for emitters and displays [J]. Acs Applied Materials & Interfaces, 2016, 8(33):21440-21445.

[5] SIEGFRIED B, GOGONEA S B, INGRID M G, et al. A soft future: from robots and sensor skin to energy harvesters [J]. Advanced Materials, 2014, 26(1):149-161.

[6] ZHANG H B, JIANG S L. Effect of repeated composite sol infiltrations on the dielectric and piezoelectric properties of a lead free thick film[J]. Journal of the European Ceramic Society, 2009, 29(4):717-723.

[7] GUNEY M S, TEPE Y. Classification and assessment of energy storage systems[J]. Renewable and Sustainable Energy Reviews, 2017, 75: 1187-1197.

[8] PANWARA N L, KAUSHIKB S C, KOTHARIA S. Role of renewable energy sources in environmental protection: a review[J]. Renewable and Sustainable Energy Reviews, 2011, 15(3):1513-1524.

[9] IBRAHIM H, ILINCA A, PERRON J. Energy storage systems-characteristics and comparisons[J]. Renewable and Sustainable Energy Reviews, 2008, 12(5):1221-1250.

[10] 张华民,周汉涛,赵平,等. 储能技术的研究开发现状及展望[J]. 能源工程, 2005(3): 1-7.

[11] 胡丹. 浅谈先进储能技术及其发展前景[J]. 企业技术开发, 2012(Z2): 41-44.

[12] MARTIN W, RALPH B. What are batteries, fuel cells, and supercapacitors? [J]. Chemical Reviews, 2004, 104(10):4245-4269.

[13] NITTA N, WU F X, LEE J T, et al. Li-ion battery materials: present and future[J]. Materials Today, 2015, 18(5): 252-264.

[14] HAO X H, ZHAI J W, LING B K, et al. A comprehensive review on the progress of lead zirconate-based antiferroelectric materials [J]. Progress in Materials Science, 2014, 63(8):1-57.

[15] CHU B J, XIN Z, REN K L, et al. A dielectric polymer with high electric energy density and fast discharge speed[J]. Science, 2006, 313 (5785): 334-336.

[16] MATT D, SUSAN H, DARWIN B, et al. Submicrosecond pulsed power capacitors based on novel ceramic technologies [J]. IEEE Transactions on Plasma Science, 2010, 38(10):2686-2693.

[17] PALNEEDI H, PEDDIGARI M, HWANG G, et al. High-performance dielectric ceramic films for energy storage capacitors: progress and outlook[J]. Advanced Functional Materials, 2018, 28(42):1-33.

[18] WANG D W, FAN Z M, ZHOU D, et al. Bismuth ferrite-based lead-free ceramics and multilayers with high recoverable energy density[J]. Journal of Materials Chemistry A, 2018,6(9): 4133-4144.

[19] PAN H, ZENG Y, SHEN Y, et al. BiFeO$_3$-SrTiO$_3$ thin film as a new lead-free relaxor-ferroelectric capacitor with ultrahigh energy storage performance[J]. Journal of Materials Chemistry A, 2017, 5(12): 5920-5926.

[20] MARTINS P, SERRADO N J, HUNGERFORD G, et al. Local variation of the dielectric properties of poly(vinylidene fluoride) during the α- to β-phase transformation[J]. Physics Letters A, 2009, 373(2): 177-180.

[21] GAO L, HE J L, HU J, et al. Large enhancement in polarization response and energy storage properties of poly(vinylidene fluoride) by improving the interface effect in nanocomposites[J]. Journal of Physical Chemistry C, 2013, 118(2): 831-838.

[22] THAKUR V K, LIN M F, TAN E, et al. Green aqueous modification of fluoropolymers for energy storage applications[J]. Journal of Materials Chemistry, 2012, 22(13): 5951-5959.

[23] DANG Z M, YUAN J K, YAO S H, et al. Flexible nanodielectric materials with high permittivity for power energy storage[J]. Advanced Materials, 2013, 25(44): 6334-6365.

[24] 王金龙, 王文一, 史著元. 多壁碳纳米管/聚偏氟乙烯高介电常数复合材料的制备与性能[J]. 复合材料学报, 2015, 32(5): 1355-1360.

[25] MAYEEN A, KALA M S, JAYALAKSHMY M S, et al. Dopamine functionalization of BaTiO$_3$: an effective strategy for the enhancement of electrical, magnetoelectric and thermal properties of BaTiO$_3$-PVDF-TrFE nanocomposites[J]. Dalton Transactions, 2018, 47(6): 2039-2051.

[26] LIU S H, ZHAI J W. Improving the dielectric constant and energy density of poly(vinylidene fluoride) composites induced by surface-modified SrTiO$_3$ nanofibers by polyvinylpyrrolidone[J]. Journal of Materials Chemistry A, 2015, 3(4): 1511-1517.

[27] DANG Z M, YUAN J K, ZHA J W, et al. Fundamentals, processes and applications of high-permittivity polymer matrix composites[J]. Progress in Materials Science, 2011, 57(4): 660-723.

[28] ZHAO Y, MENG X J, HAO X H. Synergistically achieving ultrahigh energy-storage density and efficiency in linear-like lead-based multilayer ceramic capacitor[J]. Scripta Materialia, 2021, 195(1):113723.

[29] PAN H, LI F, LIU Y, et al. Ultrahigh-energy density lead-free dielectric films via polymorphic nanodomain design[J]. Science, 2019, 365(6453):578-582.

[30] ZHU L. Exploring strategies for high dielectric constant and low loss polymer dielectrics[J]. Journal of Physical Chemistry Letters, 2014, 5(21):3677-3687.

[31] HOLGER S, CHRISTINE N, FELIX H, et al. Enhancement of the maximum energy density in atomic layer deposited oxide based thin film capacitors[J]. Applied Physics Letters, 2013, 103(4):129-176.

[32] ZHANG L, LIU M, REN W, et al. ALD preparation of high-k HfO_2 thin films with enhanced energy density and efficient electrostatic energy storage[J]. RSC Advances, 2017, 7(14): 8388-8393.

[33] ZHANG Y L, LI W L, WANG Z Y, et al. Ultrahigh energy storage and electrocaloric performance achieved in $SrTiO_3$ amorphous thin films via polar cluster engineering[J]. Journal of Materials Chemistry A, 2019,7(30): 17797-17805.

[34] YANG H B, YAN F, LIN Y, et al. Lead-free $BaTiO_3$-$Bi_{0.5}Na_{0.5}TiO_3$-$Na_{0.73}Bi_{0.09}NbO_3$ relaxor ferroelectric ceramics for high energy storage [J]. Journal of the European Ceramic Society, 2017, 37(10): 3303-3311.

[35] ZHANG T D, LI W L, ZHAO Y, et al. High energy storage performance of opposite double-heterojunction ferroelectricity-insulators[J]. Advanced Functional Materials, 2018, 28(10):1-9.

[36] ZHU H F, LIU M L, ZHANG Y X, et al. Increasing energy storage capabilities of space-charge dominated ferroelectric thin films using interlayer coupling[J]. Acta Materialia, 2017, 122:252-258.

[37] LIU M L, ZHU H F, ZHANG Y X, et al. Energy storage characteristics of $BiFeO_3$/$BaTiO_3$ Bi-layers integrated on Si[J]. Materials, 2016, 9(11): 1-10.

[38] WANG X L, ZHANG L, HAO X H, et al. High energy-storage performance of 0. 9Pb ($Mg_{1/3}$ $Nb_{2/3}$) O_3-0. 1PbTiO$_3$ relaxor ferroelectric thin films prepared by RF magnetron sputtering[J]. Materials Research Bulletin, 2015, 65:73-79.

[39] LIU NT, LIANG R H, ZHOU Z Y, et al. Designing lead-free bismuth ferrite-based ceramics learning from relaxor ferroelectric behavior for simultaneous high energy density and efficiency under low electric field [J]. Journal of Materials Chemistry C, 2018, 6(38):10211-10217.

[40] XIE Z K, PENG B, MENG S Q, et al. High-energy-storage density capacitors of $Bi(Ni_{1/2}Ti_{1/2})O_3$-$PbTiO_3$ thin films with good temperature stability[J]. Journal of the American Ceramic Society, 2013, 96(7): 2061-2064.

[41] HU G L, MA C R, WEI W, et al. Enhanced energy density with a wide thermal stability in epitaxial $Pb_{0.92}La_{0.08}Zr_{0.52}Ti_{0.48}O_3$ thin films[J]. Applied Physics Letters, 2016, 109(19):596-629.

[42] SUN Z X, MA C R, LIU M, et al. Ultrahigh energy storage performance of lead-free oxide multilayer film capacitors via interface engineering[J]. Advanced Materials, 2016, 29(5):1-6.

[43] PAN H, MA J, MA J, et al. Giant energy density and high efficiency a-chieved in bismuth ferrite-based film capacitors via domain engineering [J]. Nature Communications, 2018, 9(1):13-18.

[44] HU Z Q, MA B H, KORITALA R, et al. Temperature-dependent energy storage properties of antiferroelectric $Pb_{0.96}La_{0.04}Zr_{0.98}Ti_{0.02}O_3$ thin films[J]. Applied Physics Letters, 2014, 104(26):1007-1017.

[45] ZHUO L Y, WANG Z J, BAI Y, et al. High energy storage performance in Ca-doped $PbZrO_3$ antiferroelectric films[J]. Journal of the European Ceramic Society, 2019, 40(4): 1285-1292.

[46] ZHUO L Y, LIN J L, BAI Y, et al. Ultrahigh energy storage properties of ($PbCa$) ZrO_3 antiferroelectric thin films via constructing pyrochlore nanocrystalline structure[J]. ACS Nano, 2020, 14(6): 6857-6865.

[47] HAO X H, ZHAI J W, YAO X. Improved energy storage performance and fatigue endurance of Sr-Doped $PbZrO_3$ antiferroelectric thin films

[J]. Journal of the American Ceramic Society, 2009, 92(5):1133-1135.

[48] XU R, XU Z, FENG Y J, et al. Energy storage and release properties of Sr-doped(Pb,La)(Zr,Sn,Ti)O$_3$ antiferroelectric ceramics[J]. Ceramics International, 2016,11:12875-12879.

[49] ZOU K L, DAN Y, YU Y X, et al. Flexible dielectric nanocomposites with simultaneously large discharge energy density and high energy efficiency utilizing(Pb,La)(Zr,Sn,Ti)O$_3$ antiferroelectric nanoparticles as fillers [J]. Journal of Materials Chemistry A, 2019, 7 (22): 13473-13482.

[50] ZHAO L, LIU Q, GAO J, et al. Lead-free antiferroelectric silver niobate tantalate with high energy storage performance[J]. Advanced Materials,2017,29(31): 1-8.

[51] ZHAO L, GAO J, LIU Q, et al. Silver niobate lead-free antiferroelectric ceramics: enhancing energy storage density by B-site doping[J]. Acs Appl Mater Interfaces, 2018, 10(1):819-826.

[52] LUO N N, HAN K, ZHUO F P, et al. Aliovalent A-site engineered AgNbO$_3$ lead-free antiferroelectric ceramics toward superior energy storage density[J]. Journal of Materials Chemistry A, 2019, 7(23): 14118-14128.

[53] ZHOU M X, LIANG R H, ZHOU Z Y, et al. Superior energy storage properties and excellent stability of novel NaNbO$_3$-based lead-free ceramics with A-site vacancy obtained: via a Bi$_2$O$_3$ substitution strategy [J]. Bismuth Compounds, 2018, 6(37):17896-17904.

[54] LIU Z Y, LU J S, MAO Y Q, et al. Energy storage properties of NaNbO$_3$-CaZrO$_3$ ceramics with coexistence of ferroelectric and antiferroelectric phases[J]. Journal of the European Ceramic Society, 2018,38 (15): 4939-4945.

[55] TAN X L, XU Z P, LIU X, et al. Double hysteresis loops at room temperature in NaNbO$_3$-based lead-free antiferroelectric ceramics [J]. Materials Research Letters, 2017, 6(3):159-164.

[56] KIM K D, LEE Y H, GWON T, et al. Scale-up and optimization of HfO$_2$-ZrO$_2$ solid solution thin films for the electrostatic supercapacitors

[J]. Nano Energy，2017，39：390-399.

[57] ALI F Z, LIU X H, YANG X R, et al. Silicon-doped hafnium oxide anti-ferroelectric thin films for energy storage[J]. Journal of Applied Physics, 2017, 122(14):5-16.

[58] 蔡玉平,宁如云,韩代朝. 钛酸钡 $BaTiO_3$ 低温时的自发极化[J]. 无机材料学报,2007,22(1)：89-92.

[59] 王莹. 溶胶－凝胶法制备 $PbZrO_3$ 基反铁电薄膜及其储能行为研究[D]. 包头:内蒙古科技大学,2013.

[60] SUN B Y, WU J T, GAO C Y, et al. Research on the torsional effect of piezoelectric quartz [J]. Sensors and Actuators A, 2007, 136 (1)：329-334.

[61] 殷江,袁国亮,刘治国. 铁电材料的研究进展[J]. 中国材料进展,2012,31(3):26-38.

[62] 康振晋,孙尚梅,郭振平. 钙钛矿结构类型的功能材料的结构单元和结构演变[J]. 化学通报,2000,4:23-26.

[63] 杨新建. 钙钛矿型铁电材料电子结构及物理性质研究[D]. 北京:中国石油大学,2009.

[64] YAO L Q, CHEN G H, YANG T, et al. Energy transfer, tunable emission and optical thermometry in Tb^{3+}/Eu^{3+} co-doped transparent $NaCaPO_4$ glass ceramics [J]. Ceramics International, 2016, 42 (11)：13086-13090.

[65] ELENA A, JENNIFER S F, JACOB L J, et al. Monoclinic crystal structure of polycrystalline $Na_{0.5}Bi_{0.5}TiO_3$ [J]. Applied Physics Letters, 2011, 98(15):168-176.

[66] YANG C H. Reduced leakage current, enhanced ferroelectric and dielectric properties in(Ce,Fe)-codoped $Na_{0.5}Bi_{0.5}TiO_3$ film[J]. Applied Physics Letters, 2012, 100(2):1-3.

[67] ZHANG Y L, LI W L, CAO W P, et al. Mn doping to enhance energy storage performance of lead-free 0.7BNT-0.3ST thin films with weak oxygen vacancies[J]. Applied Physics Letters, 2017, 110(24):1-8.

[68] ZHANG Y L, LI W L, XU S C, et al. Interlayer coupling to enhance the energy storage performance of $Na_{0.5}Bi_{0.5}TiO_3$-$SrTiO_3$ multilayer

films with the electric field amplifying effect[J]. Journal of Materials Chemistry A, 2018, 6(47):24550-24559.

[69] PENG B L, ZHANG Q, LI X, et al. Giant electric energy density in epitaxial lead-free thin films with coexistence of ferroelectrics and anti-ferroelectrics[J]. Advanced Electronic Materials, 2015, 1(5):1-12.

[70] LI J J, HUANG R X, PENG C F, et al. Low temperature synthesis of plate-like $Na_{0.5}Bi_{0.5}TiO_3$ via molten salt method[J]. Ceramics International, 2020,46(12): 19752-19757.

[71] YANG P G, LI L L, YUAN H B, et al. Significantly enhanced energy storage performance of flexible composites using sodium bismuth titanate based lead-free fillers[J]. Journal of Materials Chemistry C, 2020, 8(42):14910-14918.

[72] GUO F, SHI Z F, YANG B, et al. Flexible lead-free $Na_{0.5}Bi_{0.5}TiO_3$-$EuTiO_3$ solid solution film capacitors with stable and superior energy storage performances[J]. Social Science Electronic Publishing, 2020, 184: 52-56.

[73] KO Y J, KIM D Y, WON S S, et al. Flexible $Pb(Zr_{0.52}Ti_{0.48})O_3$ films for a hybrid piezoelectric-pyroelectric nanogenerator under harsh environments[J]. ACS Applied Materials & Interfaces, 2016, 8(10): 6504-6511.

[74] LEE H J, WON S S, CHO K H, et al. Flexible high energy density capacitors using La-doped $PbZrO_3$ anti-ferroelectric thin films[J]. Applied Physics Letters, 2018, 112(9):1-7.

第2章　BNT基无铅铁电薄膜的制备及表征方法

2.1　概　　述

自20世纪50年代,科研工作者便开始对铁电薄膜进行研究和探索,但是基于当时薄膜制备工艺条件的限制,研究进展一直比较缓慢。到20世纪80年代,薄膜技术才取得了较大的进步,出现了各种各样的铁电薄膜的制备方法,按制膜机理的不同,其制备方式可以分为物理方法和化学方法。物理方法主要包括磁控溅射法、分子束外延法、静电纺丝法、脉冲激光沉积法等。化学方法主要包括溶胶-凝胶法、化学气相沉积法等。每种制备方法因各自所需的实验条件、设备条件以及原材料等的不同在薄膜制备过程中呈现出不同的优点及缺点。本章仅介绍目前较为常用的溶胶-凝胶法和磁控溅射法两种铁电薄膜制备技术。另外,本章对BNT薄膜的表征,包括物相结构、微观形貌、电畴分析、介电、铁电等性能的测试及其所使用的仪器进行了简要阐述。

2.2　BNT基无铅铁电薄膜的制备方法

2.2.1　溶胶-凝胶法

溶胶-凝胶法是一种湿法化学反应方法,也是近年来制备大面积均匀薄膜最受欢迎的薄膜制备工艺。利用该法制备薄膜的基本原理是把金属醇盐及金属无机物等活性较高的前驱物溶于有机溶剂中,通过搅拌使其发生过水解和缩聚反应,形成稳定、透明且具有一定黏度的前驱体溶胶,然后通过相关工艺涂覆到基底上,金属有机膜(凝胶)再通过热处理除去其中的有机物,并使其晶化最终形成薄膜。溶胶-凝胶法的优点在于能够有效地使原料混合均匀,进而准确地控制薄膜化学成分计量比,在实验过程中掺杂控制方便,操作容易进行,耗材低廉,是能够实现快速制备大面积薄膜的方法。但是,若需要制备致密的薄膜,由于其涉及有机物分解,因此需要控制溶胶的浓度和改进热处理条件,尽量避免气孔产生。对于 BNT 及 BNT 薄膜的溶胶－凝胶法而言,其过程大致相似,即先将金属离子的硝酸盐或乙酸盐溶于有机溶剂中,随后加入钛的醇盐,并施以乙酰丙酮作为螯合剂加以保护,利用加热搅拌形成溶胶,然后利用涂覆工艺沉积到基底上,最后经过热处理得到薄膜。其制备流程如图 2.1 所示。

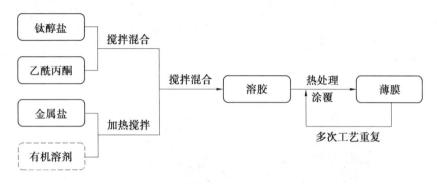

图 2.1　溶胶－凝胶法制备 BNT 薄膜的工艺流程图

在利用溶胶－凝胶法制备薄膜的相关工艺中,最常用的一种工艺就是旋涂法,其利用离心力将溶胶迅速均匀地铺展在基底上,通过改变转速和旋转时间,就可以方便地控制成膜厚度,其原理如图 2.2 所示。

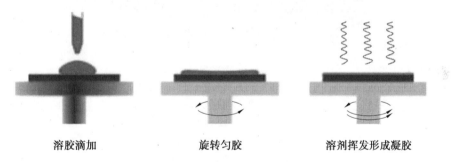

溶胶滴加　　　　　旋转匀胶　　　　溶剂挥发形成凝胶

图 2.2　旋涂法制备薄膜的工艺原理图

2.2.2　磁控溅射法

磁控溅射是物理气相沉积的一种。其基本原理是利用高速运动的惰性气体离子从铁电材料的靶面上轰击出原子并使之按一定的轨迹向基片运动,最终沉积在基片上成膜。图 2.3 所示为 JGP－450B 型射频磁控溅射沉积系统的实物图和磁控溅射工作的原理图。其溅射过程是:适量的氩气被充入到高真空中,然后在阴极(柱状靶或平面靶)和阳极(镀膜室壁)当中施加几百千伏直流电压,让镀膜室内产生磁控型异常辉光放电,这样氩气即被电离,氩离子通过阴极被加速并且轰击阴极靶表面,把靶材表面的原子溅射出来然后让其在基底表面上沉积形成薄膜。采用不同材质的靶和控制溅射时间的长短,可得到不同材质和不同厚度的薄膜。磁控溅射法的镀膜层与基材的结合力强、镀膜层致密且均匀。此法最大的优点是制备薄膜的成本较低,可以制备供工业应用的大面积薄膜。这种制备方法的缺点是若各组元素的挥发性差别较大,溅射生长得到的薄膜成分和靶材成分也会有较大偏差,而且它的偏差范围大小与工艺制备条件有关。

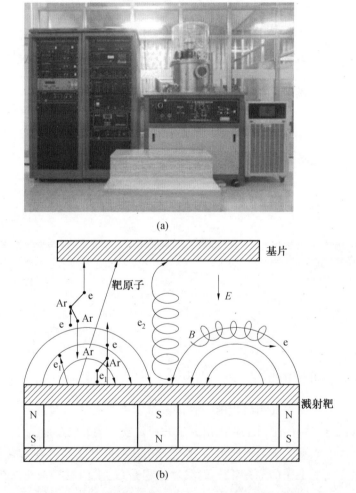

(a)

(b)

图 2.3 (a)JGP－450B 型射频磁控溅射沉积系统的实物图;(b)磁控溅射工作的原理图

2.3　基片预处理

对于薄膜样品而言,基片表面的平整程度、清洁度等因素都会对薄膜的生长产生一定影响。为了制备出高质量的薄膜,首先应保持基片表面无任何污染。本书涉及的基片,包括 Si(100)、Pt/TiO₂/SiO₂/Si(100)、镍箔片、云母片等,均采用相同的预处理方法:首先将基片统一切割成 1.5 cm×1.5 cm 规格,然后将其依次放入去离子水、丙酮、无水乙醇中超声清洗 15 min;清洗完毕后用吸耳球吹干;最后放入快速热处理炉中 700 ℃条件下热处理 5 min 以除去基片表面残余有机物,同时还能增强溶液在基片表面的浸润性。

2.4　薄膜样品电极的制备

为了测试所制备薄膜样品的电学性能,需构造除薄膜介质外还具有上下电极的电容器结构。近年来,铁电薄膜的电极材料主要有金属材料和一些导电氧化物材料。本书中所有 BNT 薄膜样品均选用 LaNiO₃(LNO)作为底电极,Au作为顶电极。

2.4.1　底电极的制备

LNO 除作为底电极外,还能充当基片与薄膜之间的缓冲层。因为它具有与 BNT 薄膜相类似的钙钛矿结构,其晶格参数与铁电薄膜相近使得铁电薄膜更容易在其上外延生长,对于薄膜晶化质量的提高有很大的帮助。

1. 溶胶－凝胶法制备 LNO 底电极

溶胶－凝胶法制备 LaNiO₃(LNO)底电极分为 LNO 胶体的制备、LNO 薄膜的旋涂、热处理三部分。以硝酸镧和乙酸镍为原料,以乙酸和去离子水为溶剂制备 LNO 胶体,其中乙酸与水的体积比为 6∶1。同时,加入适量的甲酰胺作为络合剂,以防止 LNO 膜开裂,甲酰胺与去离子水的体积比为 1∶5。在预处理后的基底上滴加适量 LNO 胶体,利用匀胶机涂覆,转速为 3 000 r/min,匀胶时间为 20 s。匀胶后,通过快速热处理炉(RTP)将湿膜先后进行 160 ℃下保温 5 min、400 ℃下保温 6 min、700 ℃下保温 4 min 等热处理。重复以上过程直至达到所需厚度。最后一层 LNO 薄膜旋涂完成后直接放入管式炉,700 ℃退火 30 min。最终得到所需的 LNO 底电极。

2. 磁控溅射法制备 LNO 底电极

采用磁控溅射法制备薄膜,溅射过程中溅射功率、溅射气压、溅射时间、基片温度、基片和靶材的类型、靶材与基片间距、热处理方法等工艺参数都会对薄膜的微观组织结构、电学性能等产生显著影响。LNO 底电极制备工艺参数如表 2.1 所示。

表 2.1 LNO 底电极制备工艺参数

参数	指标
靶材组分	$LaNiO_3$
靶材直径/cm	6
溅射气体体积比	$V(Ar):V(O_2)=30:20$
溅射气压/Pa	1
溅射功率/W	40
溅射时间/h	2
溅射基片	$Pt(111)/TiO_2/SiO_2/Si$
溅射温度/℃	550
退火温度/℃	700
退火气氛	空气
退火时间/min	30

2.4.2 顶电极的制备

为测试所制备薄膜样品的电学性质,使用小型离子溅射仪(JS-1600 型号)利用掩模板在薄膜表面溅射直径为 0.2 mm 或 0.5 mm 的顶电极(Au 电极),溅射电流为 0.06 A,溅射时间为 25 min。溅射完毕后在加热板上 280 ℃热处理 30 min 以提高 Au 电极与薄膜材料之间的结合力。

最终得到的薄膜样品如图 2.4 所示,每个顶电极和底电极都可以形成独立的电容器。

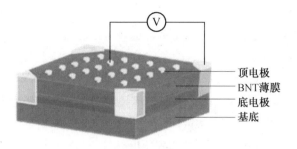

图 2.4　BNT 薄膜样品示意图

2.5　BNT 基无铅铁电薄膜的结构及性能表征

2.5.1　薄膜的微观结构表征

1. X 射线衍射技术分析

X 射线衍射技术(XRD)是鉴定物质晶相、研究晶体结构快速而有效的方法。将一定波长的 X 射线照射到晶体材料上,晶体内部原子或离子的规则排布 X 射线会发生相应的散射,在某些方向上其相位会加强,从而显示与结构相对应的特有衍射特征。本书所述的 XRD 测试采用德国布鲁克公司生产的型号为 D8 Advanced 的 X 射线衍射仪分析 BNT 薄膜的物相结构。工作条件为:Cu 靶 K_α 射线;工作电压为 40 kV;工作电流为 30 mA;扫描速率为 10(°)/min;扫描范围为 $20°\sim60°$。

2. 拉曼光谱分析

用一定频率的激光照射样品表面,物质中的分子吸收了部分能量后,会以不同方式和程度发生振动,散射出不同频率的光,这种现象称为拉曼散射,其形成的散射光谱称为拉曼光谱。拉曼光谱主要用来研究材料的晶体结构、成分的均匀性、分子间的相互作用。拉曼峰的位置和强度的大小与材料本身的晶体结构相关,因此可以通过拉曼峰的变化来研究材料微观结构的变化,进而研究材料的性能变化机制。本书通过拉曼光谱仪(Cobolt AB 型号)表征 BNT 薄膜内部分子结构和声子振动情况,测试波数范围为 $100\sim1\ 000\ \text{cm}^{-1}$。

3. 微观形貌分析

扫描电子显微镜(SEM)是一种用于观察材料表面及断面微细结构的电子显微镜技术。本书采用德国卡尔蔡司公司生产的场发射扫描电子显微镜

(ZEISS Supra 55 型号)对薄膜表面及断面结构进行显微分析。测试之前,利用小型离子溅射仪进行喷金处理。原子力显微镜(AFM)的原子级显微术是新型显微技术,其横向分辨率可达到 0.1 nm,纵向分辨率可达到 0.01 nm,因此,利用原子力显微镜可以对样品进行原子级观察。本书采用德国布鲁克公司生产的原子力显微镜(Innova 型号)分析 BNT 薄膜的表面形貌,可通过 AFM 图分析薄膜表面的粗糙程度、晶粒大小和均匀性等。同时运用该设备的压电力显微镜(PFM)模式可表征薄膜的电畴结构和压电信号。

2.5.2 薄膜的电学性能测试

1. 介电性能测试

电介质材料的特点是:在电场作用下产生极化或者极化状态发生改变,它以感应的方式传递电。描述材料极化性质的重要参数是介电极化率或者介电常数。介电常数的大小反映了材料的极化强度对外加场强的响应大小,即介电常数越大,相同电场所引发的极化强度越大。本书中 BNT 薄膜的介电性能通过安捷伦 E4980A LCR 表进行测试。测试频率为 1 kHz~1 MHz,内置最高电压为 40 V。通过林肯冷热台(HFS600E-PB2 型号)控制测试温度,温度范围为 20~500 ℃。薄膜的相对介电常数可通过测得的电容值(C)利用下式计算得出:

$$\varepsilon_r = \frac{C \times d}{\varepsilon_0 \times S} \tag{2.1}$$

式中,ε_r 为相对介电常数;ε_0 为真空介电常数;C 为电容;d 为薄膜的厚度;S 为有效电极的面积。

2. 漏电流测试

理想状态下,铁电薄膜是完全绝缘的,在外电场作用下没有电流通过。然而实际上,铁电薄膜中不免会存在气孔、裂纹等缺陷,其在直流电场作用下总会存在一定的漏电流影响器件性能。一般情况下,对电容器施加电压会观察到漏电流随着电压的变化而发生变化。其变化趋势为:开始时漏电流随着电压增大急剧增大,之后随电压继续增大,漏电流的增大变得缓慢。然而,当电压超过电容器耐压极限时,外电压对电容器造成不可逆伤害,电容器中发生电子雪崩,此时电容器被击穿,漏电流瞬间达到很高的值,电容器失去绝缘能力以导体形式存在。因此,测定薄膜漏电流对于评判薄膜绝缘性强弱以及性能的优劣具有重要意义。本书采用美国莱尔德科技有限公司的铁电综合测试系统对薄膜漏电流进行测试。

3. 击穿场强测试

采用耐压测试仪(ET2671A 型号)测试薄膜的击穿场强。选用适当的夹具将样品固定好,并将其置于硅油中以防止空气击穿。利用韦伯分布法计算薄膜的击穿场强,具体计算步骤如下：

$$X_i = \ln E_i \tag{2.2}$$

$$Y_i = \ln(-\ln(1-P_i)) \tag{2.3}$$

$$P_i = i/(n+1) \tag{2.4}$$

式中,E_i 表示测试过程中所选样品的击穿场强;n 表示测试样品的总数;i 表示测试的第 i 个样品。

对 X_i、Y_i 进行线性拟合,当 $Y_i = 0$ 时所对应的 X_i 即为该材料的击穿场强,如图 2.5 所示。

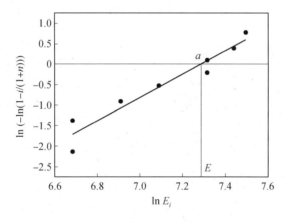

图 2.5　击穿场强示意图

4. 铁电性能测试

对铁电、弛豫铁电和反铁电等高介电材料而言,最常用的电滞回线($P-E$)是通过美国莱尔德科技有限公司的铁电综合测试系统中的 Sawyer—Tower 电路来完成的,如图 2.6 所示。其工作原理为：以铁电晶体作为介质的测试电容(C_x)上施加的电压 V_x 同时施加于示波器的水平电极板上,与 C_x 串联一个恒定参比电容(C_y),C_y 上施加的电压 V_y 同时施加于示波器的垂直电极板上。示波器上纵轴电压 V_y 与铁电体的极化强度(P)成正比,因而示波器显示的图像中纵坐标反映 P 的变化。示波器上横轴电压 V_x 与加在铁电体上外电场场强(E)成正比,因而示波器显示的图像中横坐标反映 E 的变化。因此,通过示波器可

直接观测到 $P-E$ 的电滞回线。铁电测试系统中测试频率可以输入不同值,据此对薄膜在不同频率下的铁电性进行表征。此外还可通过外加的控温装置,对样品进行变温电滞回线测试,据此对薄膜在不同温度下的铁电性进行表征,以此来对薄膜的铁电性在复杂环境中的稳定性进行评估。

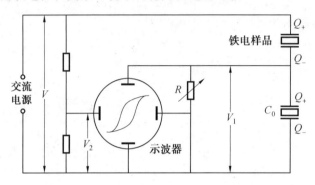

图 2.6　Sawyer-Tower 电路测试 $P-E$ 关系曲线示意图

5. 储能测试

BNT 基铁电薄膜的储能密度的计算方法有两种,一种采用 $P-E$ 回线计算储能密度与储能效率(1.2.3 节中已详细介绍),另一种计算储能密度的方法为直接测试法。该直接测试系统具体的工作过程如下:先将双向开关打到左端,高压源为铁电薄膜样品充电,开关瞬间回到右侧瞬间放电,电信号通过电路中的负载电阻被线圈所连接的示波器收集。放电回路中的负载电阻值为 R,示波器中记录了电流(I)随着测试时间(t)的变化数据,其测试平台示意图如图 2.7 所示。直接测试计算出的储能密度可以定义为将单位体积的电能转化成单位体积放出的焦耳热,其储存的能量密度 W_{dis} 可以通过下式来计算:

$$W_{dis} = \frac{R\int i^2(t)\,dt}{V} \tag{2.5}$$

式中,W_{dis} 为通过直接测试法获取的铁电薄膜的储能密度;R 为图 2.7 中左半部分的负载电阻;V 为图 2.7 中所测试样品一个点的体积(顶电极面积×膜厚);t 为放电时间。

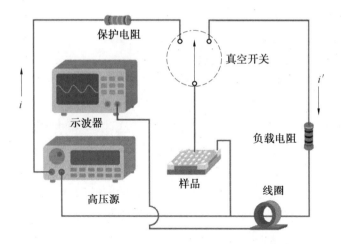

保护电阻

真空开关

示波器

负载电阻

样品

高压源

线圈

i

i'

图 2.7　直接测试平台测量储能密度示意图

2.6　本章小结

　　本章详细介绍了利用溶胶—凝胶法和磁控溅射法制备 BNT 薄膜的工艺原理及制备流程,同时,对薄膜材料结构及电学方面的测试仪器、测试原理、测试方法等进行了阐述,可为 BNT 薄膜材料研究及其在新材料和新能源上的应用提供参考。

参 考 文 献

[1] LIU J B, WANG H, HOU Y D, et al. Low-temperature preparation of $Na_{0.5}Bi_{0.5}TiO_3$ nanowhiskers by a sol-gel-hydrothermal method[J]. Nanotechnology, 2004, 15(15):70-77.

[2] GUPTA V, MANSINGH A. Influence of postdeposition annealing on the structural and optical properties of sputtered zinc oxide film[J]. Journal of Applied Physics, 1996, 80:1063-1073.

[3] HSIAO C L, CHANG W C, QI X, et al. Sol-gel synthesis and characterisation of nanostructured $LaNiO_{3-x}$ for thermoelectric applications[J]. Science of Advanced Materials, 2014, 6(7): 1406-1411.

[4] 陈卫红,刘柳絮,刘润芝,等. 基于 X 射线衍射仪的多晶体粉末样品物相实

验分析[J]. 黑龙江科技信息, 2016(28):106-107.

[5] CHEN J C, ZHANG Y , DENG C S, et al. Effect of the Ba/Ti ratio on the microstructures and dielectric properties of barium titanate-based glass-ceramics[J]. Journal of the American Ceramic Society, 2010, 92 (6):1350-1353.

[6] ZHANG Y L, LI W L, CAO W P, et al. Enhanced energy-storage performance of 0.94BNT-0.06BT thin films induced by a $Pb_{0.8}La_{0.1}Ca_{0.1}Ti_{0.975}O_3$ seed layer[J]. Ceramics International, 2016, 42(13):14788-14792.

[7] WANG Y, CUI J, YUAN Q, et al. Significantly enhanced breakdown strength and energy density in sandwich-structured barium titanate/poly (vinylidene fluoride) nanocomposites[J]. Advanced Materials, 2015, 27 (42): 6658-6663.

[8] JIN L, LI F, ZHANG S J. Decoding the fingerprint of ferroelectric loops: comprehension of the material properties and structures[J]. Journal of the American Ceramic Society, 2014, 97(1): 1-27.

[9] WANG K, OUYANG J, MANFRED W, et al. Superparaelectric($Ba_{0.95}$, $Sr_{0.05}$)($Zr_{0.2}$, $Ti_{0.8}$)O_3 ultracapacitors[J]. Advanced Energy Materials, 2020,10(37):1-6.

[10] SCHUETZ D, DELCUCA M, KRAUSS W, et al. Lone-pair-induced co-valency as the cause of temperature- and field-induced instabilities in bismuth sodium titanate[J]. Advanced Functional Materials, 2012, 22 (11):2285-2294.

第3章 A位掺杂BNT基无铅铁电薄膜的储能特性

3.1 概　　述

　　一直以来大部分储能薄膜的研究主要集中于铅基材料,虽然铅基材料拥有优异的储能特性,但是含铅材料会对人类的健康和自然环境造成严重的威胁,使得该体系的储能薄膜的使用受到了一定限制。因此,当今学者提倡使用同类材料对铅基材料进行替换,这也很符合可持续发展观念。由于Bi离子的外层电子分布与Pb离子相同,所以$Bi_{0.5}Na_{0.5}TiO_3$(BNT)铁电材料的性能接近于铅基材料,从而获得了人们越来越多的关注。对于BNT薄膜而言,尽管其解决了无铅的问题,但是存在着矫顽场较高、漏导较大等缺陷,使其储能特性与铅基材料仍然存在一定差距。为了增强BNT薄膜的储能特性,研究人员做了大量的研究工作,主要致力于对BNT薄膜进行掺杂改性,如A位掺杂包括Ba^{2+}、Sr^{2+}、Ca^{2+}、K^+等和B位掺杂包括Zn^{2+}、Mn^{2+}、Al^{3+}、Fe^{3+}等,以获得相对较高的饱和极化、较低的剩余极化以及较大的击穿场强,这是改善其储能特性行之有效的方法。对于B位掺杂将在第4章进行详细介绍,本章主要介绍A位掺杂Ba^{2+}和Sr^{2+}对BNT薄膜微观结构、介电性能、铁电性能及储能特性的影响。

3.2 Ba^{2+}掺杂BNT基无铅铁电薄膜的储能特性

　　在BNT基掺杂体系中,$Bi_{0.5}Na_{0.5}TiO_3-xBaTiO_3$(BNT$-x$BT)受到研究者的广泛关注,$Ba^{2+}$掺杂能与BNT形成三方相和四方相共存的准同型相界,由于存在相变,相变势垒低,极化翻转矢量小,因此材料能够取得优异的储能特性。

3.2.1 BNT－BT 薄膜的制备及表征

1. 薄膜样品的制备

采用溶胶－凝胶法在 LNO(100)/Pt(111)/TiO_2/SiO_2/Si(100)基底上制备 $Bi_{0.5}Na_{0.5}TiO_3$－$x$$BaTiO_3$ 铁电薄膜，x＝0、0.03、0.05、0.06、0.08（简写为 BNT、BNT－3BT、BNT－5BT、BNT－6BT、BNT－8BT）。首先,采用溶胶－凝胶法在洁净的 Pt(111)/TiO_2/SiO_2/Si(100)基底制备(100)择优取向的 LNO 薄膜作为底电极。然后,制备 BNT－BT 前驱体溶液:以硝酸铋、乙酸钠、乙酸钡和钛酸四正丁酯为原料;以乙二醇甲醚、乙酸为溶剂。其中,硝酸铋、乙酸钠过量 10%（摩尔分数）用于补偿退火过程中钠和铋的挥发,以乙酰丙酮、乙醇胺作为络合剂,且加入适量的聚乙烯吡咯烷酮(PVP)以提高溶液的黏度。通过控制乙二醇甲醚的加入量,将 BNT－BT 前驱体溶液的最终浓度调整为 0.5 mol/L。取少量的 BNT－xBT 胶体滴加在 LNO 底电极上,利用匀胶机涂覆,转速为 3 000 r/min,匀胶时间为 20 s。匀胶完成后,将湿膜置于电热板上 150 ℃加热 3 min。将干燥后的薄膜放至三温区管式炉中进行热处理:410 ℃下保温 10 min,750 ℃下保温 3 min;重复以上过程直至薄膜达到所需厚度;最后一层湿膜旋涂完成后直接放入管式炉中 750 ℃下退火 10 min。最终得到所需的 BNT－BT 薄膜。制备工艺流程如图 3.1 所示。

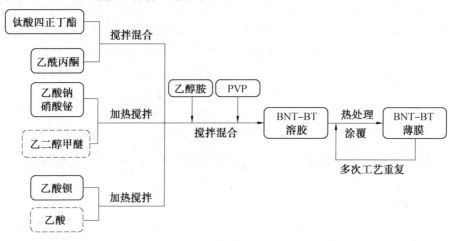

图 3.1　BNT－BT 薄膜制备工艺流程图

2. 薄膜的结构及性能表征

采用 X 射线衍射仪分析 BNT－BT 薄膜的晶体结构。通过场发射扫描电子显微镜观察薄膜断面及表面形貌。为进行电学性能测试,利用小型离子溅射

仪在薄膜表面溅射 Au 顶电极(直径为 0.2 mm)。采用安捷伦 E4980A LCR 分析仪研究薄膜的介电性能。通过铁电测试系统测试薄膜的电滞回线($P-E$ 回线)及漏电流特性。根据 $P-E$ 结果计算薄膜的储能特性。

3.2.2　Ba²⁺ 掺杂对 BNT 薄膜微观结构的影响

1. BNT－BT 薄膜的物相结构

图 3.2 为不同 BNT－BT 薄膜的 XRD 谱图,扫描范围为 20°～60°,扫描速度为 4(°)/min。由图可知,所有组分的 BNT－BT 薄膜均为纯的钙钛矿结构,无杂相生成,这说明 Ba 离子进入 BNT 晶格并形成了稳定的固溶体。从图中可以发现,当掺杂浓度由 0% 逐渐增加到 8% 时,(100)峰和(200)峰明显向低角度偏移,这表明其晶胞结构受到掺入离子的影响发生了膨胀。随着 Ba²⁺ 掺杂浓度的增加,(200)峰存在明显的分峰,表明 BNT－BT 薄膜由三方相向四方相转变,最后在 BNT－8BT 组分变为四方相结构。说明 Ba²⁺ 的掺杂会对 BNT 薄膜的相结构产生影响,在此过程中可能出现准同型相界结构。

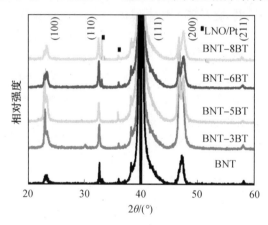

图 3.2　不同 BNT－BT 薄膜的 XRD 谱图

2. BNT－BT 薄膜的微观形貌

图 3.3(a)～(e)为不同 BNT－BT 薄膜的表面 SEM 图。由图可见,各薄膜表面致密、平整,晶粒尺寸小且均匀,并无明显裂纹。作为一个代表,图 3.3(f)显示了 BNT－6BT 薄膜的断面 SEM 图。从图中可以看出,LNO 层与 BNT－6BT 层以及 LNO 层与基底之间界面比较清晰,没有发生明显的相互之间的扩散现象。LNO 底电极层的厚度约为 400 nm,BNT－BT 薄膜层的厚度约为 1 200 nm。

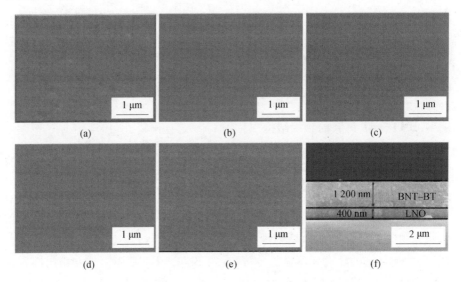

图 3.3 (a)~(e)不同 BNT－BT 薄膜的表面 SEM 图；(f)BNT－6BT 薄膜的断面 SEM 图

3.2.3 Ba^{2+} 掺杂对 BNT 薄膜电学行为的影响

1.BNT－BT 薄膜的介电性能

图 3.4 所示为不同 BNT－BT 薄膜的介电频谱图，测试频率为 1 kHz～1 MHz，测试温度为室温。可观察到，介电常数随着频率的增大而减小，这主要是由于随着频率的增加，电偶极矩的转向速度跟不上电场的变化。另外随着 Ba^{2+} 掺杂浓度的增加，BNT 薄膜的介电常数先升高后下降，在 Ba^{2+} 的掺杂浓度为 6％时，其介电常数最大，说明 BNT－6BT 组分处在准同型相界附近。

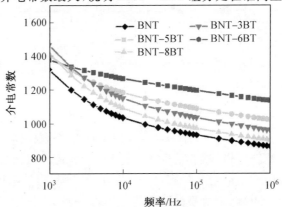

图 3.4 不同 BNT－BT 薄膜的介电频谱图

　　图 3.5 所示为不同 BNT－BT 薄膜的介电温谱图,测试频率为 100 kHz,测试温度范围在 25～400 ℃。图中全部温度依赖曲线表现出相同的变化趋势,它们的介电常数在升温过程中到达最大值后逐渐减小,介电常数峰值所对应的温度 T_m 为居里温度,T_m 之后薄膜结构由铁电相开始向顺电相转变。从图中可以看出,随着 Ba^{2+} 掺杂浓度的增加,BNT－BT 薄膜的 T_m 逐渐下降,BNT、BNT－3BT、BNT－5BT、BNT－6BT、BNT－8BT 薄膜对应的居里温度分别是 330 ℃、278 ℃、270 ℃、243 ℃和 241 ℃。

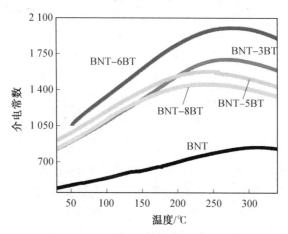

图 3.5　不同 BNT－BT 薄膜的介电温谱图

2. BNT－BT 薄膜的漏电行为

　　图 3.6 所示为不同 BNT－BT 薄膜的漏电流密度。测试温度为室温,测试电场为 500 kV/cm,测试频率为 1 kHz。从图中可以发现,随着 Ba^{2+} 掺杂浓度的增加,BNT 薄膜的漏电流密度先降低后增加。BNT、BNT－3BT、BNT－5BT、BNT－6BT、BNT－8BT 薄膜对应的漏电流密度分别为 9.27×10^{-5} A/cm², 2.26×10^{-5} A/cm²、9.06×10^{-6} A/cm²、3.08×10^{-7} A/cm² 和 9.91×10^{-7} A/cm²。在 Ba^{2+} 掺杂浓度达到 6%时,BNT－BT 无铅铁电薄膜的漏电流密度较小。以上结果说明,适量的 Ba^{2+} 掺杂能够减小 BNT 薄膜的漏电流密度。

3.2.4　Ba^{2+} 掺杂对 BNT 薄膜储能行为的影响

1. BNT－BT 薄膜的极化行为

　　图 3.7 所示为室温下不同 BNT－BT 薄膜在其各自击穿场强下的 $P-E$

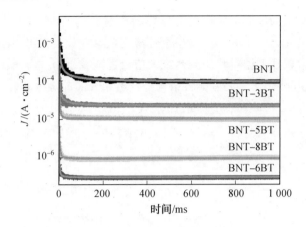

图 3.6 不同 BNT－BT 薄膜的漏电流密度

回线,测试频率为 1 kHz;插图给出了不同 Ba^{2+} 掺杂浓度的 BNT 薄膜的击穿场强(BDS)。BNT、BNT－3BT、BNT－5BT、BNT－6BT、BNT－8BT 薄膜的击穿场强分别为 1 236 kV/cm、1 231 kV/cm、1 226 kV/cm、1 238 kV/cm 和 1 112 kV/cm,可以看出 Ba^{2+} 的掺杂对 BNT 薄膜的击穿场强没有太大影响。随着 Ba^{2+} 掺杂浓度的增加,BNT－BT 薄膜的饱和极化值明显增大。当 Ba^{2+} 掺杂浓度为 6% 时,其饱和极化值最大,最大极化与剩余极化之间的差值也达到最大,约 42 $\mu C/cm^2$。这一结果表明,在准同型相界附近的组分更倾向于获得较高的储能特性。

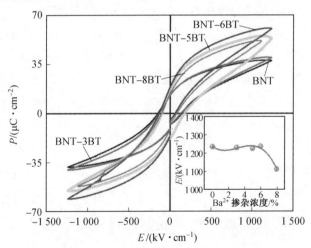

图 3.7 不同 BNT－BT 薄膜的 $P-E$ 回线

2. BNT－BT 薄膜的储能特性

图 3.8 所示为室温下不同 BNT－BT 薄膜储能密度和储能效率随场强的变化关系,场强范围为 $258\sim2\ 102\ kV/cm$,测试频率为 1 kHz。从图中可以看出,所有组分的 BNT－BT 薄膜的储能密度均随着场强的增加而增大,而储能效率却由于在高场强时受到迟滞效应的影响随场强的增加而减小。另外,在相同的电场下,薄膜的储能密度随着 Ba^{2+} 掺杂浓度的增加先增大后减小,在准同型相界附近的 BNT－6BT 薄膜储能密度最大。BNT－6BT 薄膜在其击穿场强下储能密度达到 $15.6\ J/cm^3$,储能效率为 44.2%,其储能密度为纯 BNT 薄膜的近 2 倍。

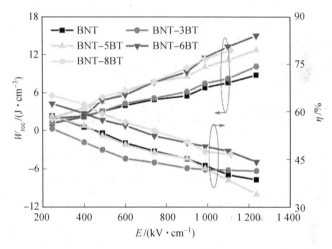

图 3.8　BNT－BT 薄膜储能特性随场强的变化关系

3. BNT－BT 薄膜储能的温度稳定性

图 3.9(a)为 BNT－6BT 薄膜在不同温度下的 $P－E$ 回线,测试温度范围为 $20\sim100\ ℃$,测试频率为 1 kHz,测试场强为 800 kV/cm。从图中可以看出,随着温度的升高 BNT－6BT 薄膜的 $P－E$ 回线形状相对稳定,当温度达到 100 ℃时,饱和极化、剩余极化以及漏电流密度明显增大,继续提高温度可能会对 BNT－6BT 薄膜的储能特性产生不良的影响。BNT－6BT 薄膜在不同温度下的储能密度如图 3.9(b)所示。从图中可以看出,随着温度的升高,BNT－6BT 薄膜在 $20\sim80\ ℃$ 温度范围内的储能密度比较稳定,说明 BNT－6BT 薄膜具有一定的温度稳定性。

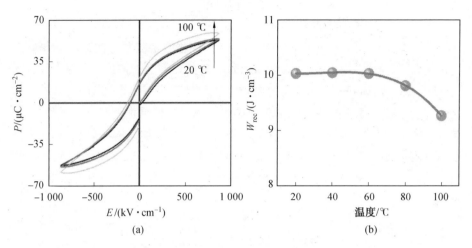

图 3.9 (a)BNT－6BT 薄膜在不同温度下的 $P-E$ 回线;(b)BNT－6BT 薄膜在不同温度下的储能密度

3.3 Sr²⁺ 掺杂 BNT 基无铅铁电薄膜的储能特性

为了改善 BNT 薄膜的储能特性,可在其中加入钙钛矿结构的顺电体。由于顺电体的击穿场强大、储能效率高,因此既不用破坏 BNT 的钙钛矿结构,还能进一步增强其耐压强度,达到储能密度和储能效率同时提升的效果。同为钙钛矿结构的 $SrTiO_3$(ST)顺电体成为 BNT 掺杂物研究的最佳选择之一。

3.3.1 BNT－ST 薄膜的制备及表征

1. BNT－ST 薄膜的制备

采用溶胶－凝胶法在 LNO(100)/Si(100)基底上制备 $Bi_{0.5}Na_{0.5}TiO_{3-x}$ $SrTiO_3$ 铁电薄膜,$x=0$、0.05、0.10、0.15(简写为 BNT、BNT－5ST、BNT－10ST、BNT－15ST)。首先,采用溶胶－凝胶法在洁净的 Pt(111)/TiO₂/SiO₂/Si(100)基底制备(100)择优取向的 LNO 薄膜作为底电极。然后,制备BNT－ST 前驱体溶液:以硝酸铋、乙酸钠、乙酸锶和钛酸四正丁酯为原料;以乙二醇甲醚、乙酸为溶剂。其中,硝酸铋、乙酸钠过量 10%(摩尔分数)用于补偿退火过程中钠和铋的挥发,且加入适量的聚乙烯吡咯烷酮(PVP)和乙酰丙酮以提高溶液的黏度和稳定性。通过控制乙二醇甲醚的加入量,将 BNT－ST 前驱体溶液的最终浓度调整为 0.5 mol/L。取少量的 BNT－xST 胶体滴加在

LNO 底电极上,利用匀胶机涂覆,转速为 3 000 r/min,匀胶时间为 20 s。匀胶完成后,将湿膜置于电热板上 150 ℃加热 3 min。将干燥后的薄膜放至三温区管式炉中进行热处理:410 ℃下保温 10 min,750 ℃下保温 3 min;重复以上过程直至薄膜达到所需厚度;最后一层湿膜旋涂完成后直接放入管式炉中 750 ℃下退火 10 min。最终得到所需的 BNT－ST 薄膜。制备工艺流程如图 3.10 所示。

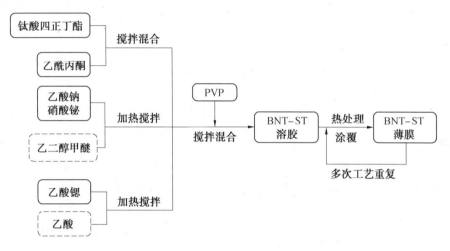

图 3.10 BNT－ST 薄膜制备工艺流程图

2.薄膜的结构及性能表征

采用 X 射线衍射仪分析 BNT－ST 薄膜的晶体结构。通过场发射扫描电子显微镜观察薄膜断面及表面形貌。为进行电学性能测试,利用小型离子溅射仪在薄膜表面溅射 Au 顶电极(直径为 0.2 mm)。采用安捷伦 E4980A LCR 分析仪研究薄膜的介电性能。通过铁电测试系统测试薄膜的电滞回线($P-E$ 回线)及漏电流特性。根据 $P-E$ 结果计算薄膜的储能特性。

3.3.2　Sr^{2+} 掺杂对 BNT 薄膜微观结构的影响

1.BNT－ST 薄膜的物相结构

图 3.11 所示为 Sr^{2+} 掺杂 BNT 薄膜的 XRD 谱图。扫描范围为 20°～60°,扫描速度为 4(°)/min。从图中可以看到利用 Sr^{2+} 掺杂 BNT 薄膜为三方相,且无杂相产生。另外,从图中可以发现随着 Sr^{2+} 掺杂浓度的增加,(100)和(200)峰轻微向左偏移,并伴随着分峰现象,这可能是由于 Sr^{2+} 的增加使相结构向铁

电四方相转变。说明 Sr^{2+} 的掺杂会对 BNT 薄膜的相结构产生影响。

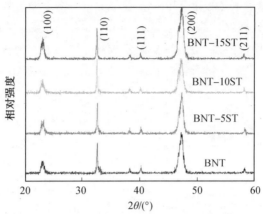

图 3.11　BNT－ST 薄膜的 XRD 谱图

2. BNT－ST 薄膜的微观形貌

图 3.12(a)～(d)为不同 BNT－ST 薄膜的表面 SEM 图。由图可以发现，所有薄膜表面致密，晶粒尺寸大小均匀，且随着 Sr^{2+} 掺杂浓度的增加晶粒逐渐增大。BNT、BNT－5ST、BNT－10ST 和 BNT－15ST 薄膜的平均晶粒尺寸分别为 59 nm、65 nm、77 nm 和 94 nm。图 3.12(e)为 BNT－5ST 薄膜的断面 SEM 图，从图中可清晰地看到 BNT－5ST 薄膜与 LNO 底电极层之间的界面，说明薄膜与底电极之间并没发生扩散。测得 BNT－ST 薄膜厚度约为 1.5 μm，LNO 底电极厚度约为 500 nm。

3.3.3　Sr^{2+} 掺杂对 BNT 薄膜电学行为的影响

1. BNT－ST 薄膜的介电性能

图 3.13 所示为不同 BNT－ST 薄膜的介电常数和介电损耗随频率的变化关系，测试频率范围为 1 kHz ～1 MHz。从图中可以发现，BNT－ST 薄膜的介电常数随着频率的增加而逐渐降低，介电损耗则呈现相反趋势。这是由于高的频率下有些偶极子来不及翻转，从而导致介电常数变小同时造成损耗。另外，BNT－ST 薄膜的介电常数随着 Sr^{2+} 掺杂浓度的增加而增加，这可能是受到了晶粒尺寸因素的影响。

图 3.14 所示为不同 BNT－ST 薄膜的介电常数随温度的变化关系，测试频率为 100 kHz，测试温度范围为 25～400 ℃。从图中可以看出，随着温度的

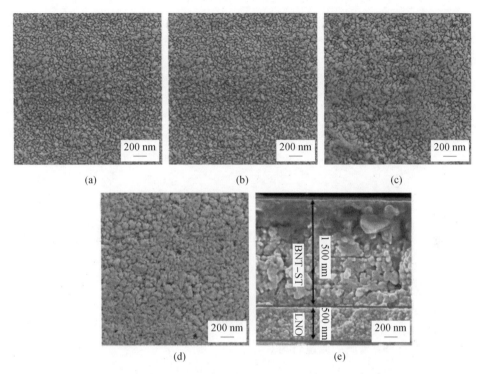

图 3.12　(a)~(d)不同 BNT−ST 薄膜的表面 SEM 图;(e)BNT−5ST 薄膜的断面 SEM 图

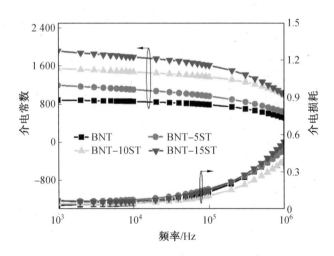

图 3.13　不同 BNT−ST 薄膜的介电频谱图

升高,所有薄膜的介电常数均呈现先增大后减小的趋势。介电常数最大值所对应的温度为其居里温度。随着 Sr^{2+} 掺杂浓度的增加,BNT－ST 薄膜的居里温度逐渐降低。BNT、BNT－5ST、BNT－10ST 和 BNT－15ST 薄膜的居里温度分别为 334 ℃、324 ℃、270 ℃和 260 ℃。

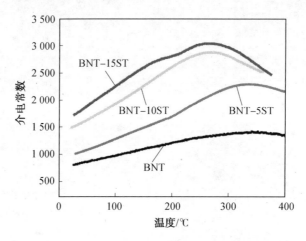

图 3.14 不同 BNT－ST 薄膜的介电温谱图

2. BNT－ST 薄膜的漏电行为

图 3.15 所示为不同 BNT－ST 薄膜的漏电流密度,测试温度为室温,测试电场为 500 kV/cm,测试时间为 1 000 ms。从图中可以发现,随着 Sr^{2+} 掺杂浓度的增加,BNT－ST 薄膜的漏电流密度先减小后增大。BNT、BNT－5ST、BNT－10ST 和 BNT－15ST 薄膜的漏电流密度分别为 2.57×10^{-5} A/cm²、1.93×10^{-5} A/cm²、4.89×10^{-5} A/cm² 和 9.78×10^{-5} A/cm²。说明了适量的 Sr^{2+} 掺杂能够减小 BNT 薄膜的漏电流密度。

3.3.4 Sr^{2+} 掺杂对 BNT 薄膜储能行为的影响

1. BNT－ST 薄膜的极化行为

图 3.16(a)为室温下不同 BNT－ST 薄膜在其各自击穿场强下的 $P-E$ 回线,测试频率为 1 kHz;插图给出了不同 Sr^{2+} 掺杂浓度的 BNT 薄膜的击穿场强(BDS)。BNT、BNT－5ST、BNT－10ST 和 BNT－15ST 薄膜的击穿场强分别为 1 839 kV/cm、1 972 kV/cm、1 972 kV/cm 和 1 705 kV/cm。显然,BNT－5ST 和 BNT－10ST 薄膜拥有更大的击穿场强。从图中可以看到,随着 Sr^{2+} 掺杂浓度的增加,BNT－ST 薄膜的最大极化值和剩余极化值变大,其中 BNT－

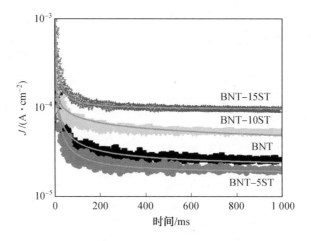

图 3.15　不同 BNT－ST 薄膜的漏电流密度

5ST 薄膜在拥有大的饱和极化值的同时也拥有较为纤细的 P－E 回线,其拥有最大的 P_{max}－P_r,约为 61 $\mu C/cm^2$。从上述结果中可以看出,适当的 Sr^{2+} 掺杂可同时提高 BNT 薄膜的 BDS 和 P_{max}－P_r,这无疑有利于提高 BNT 薄膜的储能密度。

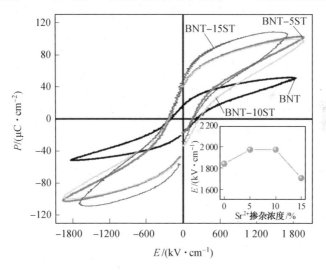

图 3.16　不同 BNT－ST 薄膜的 P－E 回线

2. BNT－ST 薄膜的储能特性

图 3.17 为室温下不同 BNT－ST 薄膜储能密度和储能效率随场强的变化关系,测试频率为 1 kHz,测试场强范围为 258～1 925 kV/cm。从图中可以看出,BNT－ST 薄膜的储能密度随着电场的增加而逐渐增大,储能效率却由于

受到高电场下迟滞效应的影响而呈现相反的趋势。在相同的电场条件下,掺杂 Sr^{2+} 的 BNT 薄膜有比纯 BNT 薄膜高的储能密度,说明 Sr^{2+} 的掺杂有利于 BNT 铁电陶瓷储能密度的提高。当 Sr^{2+} 掺杂浓度达到 5% 时获得了最大的储能密度,达到 36.9 J/cm^3,储能效率为 41%,其储能密度是纯 BNT 薄膜的 3 倍,这完全可以和一些铅基薄膜相媲美。

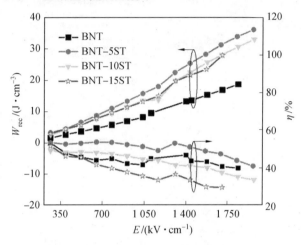

图 3.17 不同 BNT-ST 薄膜储能特性随场强的变化关系

3. BNT-ST 薄膜储能特性的温度稳定性

图 3.18(a)为 BNT-5ST 薄膜在不同温度下的 $P-E$ 回线,测试温度范围为 20～80 ℃,测试频率为 1 kHz,测试电场为 800 kV/cm。从图中可以看出,随着温度的升高 BNT-5ST 薄膜的 $P-E$ 回线慢慢发生变形,矫顽场和漏电流密度逐渐变大,这可能会对 BNT-5ST 薄膜储能特性产生不利的影响。BNT-5ST 薄膜在不同温度下的储能密度如图 3.18(b)所示。由图可知,随着温度的升高 BNT-5ST 薄膜的储能密度和储能效率都随之下降,但储能密度并没有发生剧烈的下降,说明 BNT-5ST 薄膜具有一定的温度稳定性。

图 3.19(a)为 BNT-5ST 薄膜在不同频率下的 $P-E$ 回线,测试频率范围为 100 Hz～5 kHz,测试温度为室温,测试电场为 1 200 kV/cm。从图中可以看出,随着频率的增加,BNT-5ST 薄膜 $P-E$ 回线略微变细,且最大极化值逐渐变小。这可能是因为随着频率的变化,有些偶极子来不及发生翻转。BNT-5ST 薄膜在不同频率下的储能密度如图 3.19(b)所示。从图中可以看出,随着频率的增加,BNT-5ST 薄膜的储能密度由 16.8 J/cm^3 先增加后保持在 17.8 J/cm^3 附近。这说明 BNT-5ST 薄膜拥有较好的频率稳定性。

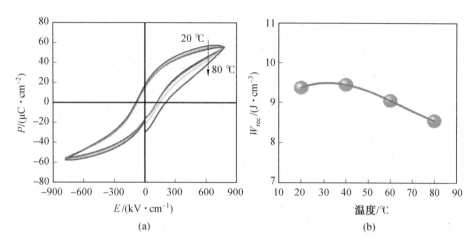

图 3.18　(a)BNT－5ST 薄膜在不同温度下的 $P-E$ 回线;(b)BNT－5ST 薄膜在不同温度下的储能密度

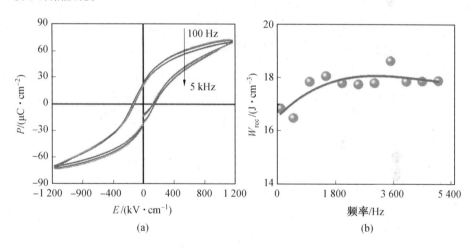

图 3.19　(a)BNT－5ST 薄膜在不同频率下的 $P-E$ 回线;(b)BNT－5ST 薄膜在不同频率下的储能密度

3.4　本 章 小 结

本章主要研究了 A 位掺杂 Ba^{2+}、Sr^{2+} 对 BNT 薄膜微观结构、介电性能和储能特性的影响,主要结论如下:

(1)Ba^{2+} 掺杂使 BNT 薄膜发生了三方相向四方相的转变,在 Ba^{2+} 掺杂浓度为 6% 的组分附近存在准同型相界,该组分薄膜表现出优异的介电性能和极化特性,其储能特性明显优于其他组分,储能密度达到 15.6 J/cm^3,储能效率为 44.2%,并表现出一定的温度稳定性。

(2)Sr^{2+} 掺杂显著提高了 BNT 薄膜的介电性能并同时降低了其漏电性能,储能特性得到明显改善。在 Sr^{2+} 掺杂浓度为 5% 时,同时拥有较大的击穿场强以及最大极化和剩余极化的差值,获得了该体系最大的储能密度,达到 36.9 J/cm^3,储能效率为 41%,且拥有较好的温度和频率稳定性。

参 考 文 献

[1] CERNEA M, ANDRONESCU E, RADU R, et al. Sol-gel synthesis and characterization of $BaTiO_3$-doped $Bi_{0.5}Na_{0.5}TiO_3$ piezoelectric ceramics [J]. Journal of Alloys and Compounds, 2010, 490(1-2): 690-694.

[2] TAN X, AULBACH E, JO W, et al. Effect of uniaxial stress on ferroelectric behavior of ($Bi_{1/2}Na_{1/2}$)TiO_3-based lead-free piezoelectric ceramics[J]. Journal of Applied Physics, 2009, 106(4): 044107.

[3] MAURYA D, ZHOU Y, YAN Y, et al. Synthesis mechanism of grain-oriented lead-free piezoelectric $Na_{0.5}Bi_{0.5}TiO_3$-$BaTiO_3$ ceramics with giant piezoelectric response[J]. Journal of Materials Chemistry C, 2013, 1 (11): 2102-2111.

[4] ZHANG L, HAO X. Dielectric properties and energy-storage performances of $(1-x)(Na_{0.5}Bi_{0.5})TiO_3-x SrTiO_3$ thick films prepared by screen printing technique[J]. Journal of Alloys and Compounds, 2014, 586: 674-678.

[5] OHNO T, SUZUKI D, ISHIKAWA K, et al. Size effect for lead zirconate titanate nano-particles with PZT (40/60) composition [J]. Advanced Powder Technology, 2007, 18(5): 579-589.

[6] HORNEBECQ V, HUBER C, MAGLIONE M, et al. Dielectric properties of pure (BaSr)TiO_3 and composites with different grain sizes ranging from the nanometer to the micrometer[J]. Advanced Functional Materials, 2004, 14(9): 899-904.

[7] MA B, CHAO S, NARAYANA M, et al. Dense PLZT films grown on nickel substrates by PVP-modified sol-gel method [J]. Journal of Materials Science, 2012, 48(3): 1180-1185.

[8] MA B, KWON D K, NARAYANA M, et al. Dielectric properties and energy storage capability of antiferroelectric $Pb_{0.92}$ $La_{0.08}$ $Zr_{0.95}$ $Ti_{0.05}$ O_3 film-on-foil capacitors[J]. Journal of Materials Research, 2009, 24(9): 2993-2996.

[9] MIRSHEKARLOO M S, YAO K, SRITHARAN T. Large strain and high energy storage density in orthorhombic perovskite ($Pb_{0.97}$ $La_{0.02}$) (Zr_{1-x-y} Sn_x Ti_y) O_3 antiferroelectric thin films [J]. Applied Physics Letters, 2010, 97(14): 142902.

第4章 B位掺杂BNT基无铅铁电薄膜的储能特性

4.1 概　　述

Bi$_{0.5}$Na$_{0.5}$TiO$_3$(BNT)薄膜在热处理过程中铋和钠元素的挥发,以及 Ti 离子变价导致薄膜中存在氧空位等缺陷,会使得薄膜的导电性能增强,击穿场强变低,储能密度下降。针对 BNT 薄膜的漏电问题,除了提高薄膜质量,减少孔洞、裂纹外,常见的有两种方法:①采用不同气氛退火,以弥补材料中的氧空位缺陷,最大限度地降低漏导;②对 BNT 薄膜进行掺杂改性,采用离子取代的方式来改善材料性能,其改性原理主要是利用掺杂离子与氧空位形成缺陷复合物,抑制氧空位对材料性能的恶化。在本章中,主要通过 B 位受主掺杂 Mn^{2+}、Fe^{3+},在 BNT 薄膜中形成 $[(Mn_{Ti^{4+}}^{2+})'' - V_O^{2-··}]$、$[(Fe_{Ti^{4+}}^{3+})' - V_O^{2-··} - (Fe_{Ti^{4+}}^{3+})']$缺陷复合物来降低漏电,详细研究 Mn^{2+}、Fe^{3+}掺杂浓度对 BNT 薄膜相结构、表面形貌、漏电流特性、介电性能和储能行为的影响。

4.2 Mn^{2+}掺杂BNT基无铅铁电薄膜的储能特性

纯 BNT 薄膜中移动的氧空位较多造成其漏电流密度很大,在本节中向纯 BNT 薄膜中掺杂 Mn^{2+},Mn^{2+}进入 BNT 晶体内部置换氧八面体中心的 Ti^{4+},产生的 $(Mn_{Ti^{4+}}^{2+})''$ 与薄膜中移动的氧空位形成缺陷复合物 $[(Mn_{Ti^{4+}}^{2+})' - V_O^{2-··}]$,从而限制了氧空位在薄膜中的移动,减小了漏电流密度。

4.2.1 BNTMn 薄膜的制备及表征

1.薄膜样品的制备

采用溶胶－凝胶法在 LaNiO$_3$(100)/Si(100)基底上制备 Bi$_{0.5}$Na$_{0.5}$Ti$_{1-x}$Mn$_x$O$_3$(简写为 BNTMnx,$x=0$、0.01、0.03、0.05)。首先,采用溶胶－凝胶法在洁净的 Si(100)基底制备厚度约为 400 nm 的(100)择优取向的 LNO 薄膜

作为底电极。然后，制备 $Bi_{0.5}Na_{0.5}Ti_{1-x}Mn_xO_3$（BNTMn$x$）前驱体溶液：以硝酸铋、乙酸钠、乙酸锰和钛酸四正丁酯为原料；以乙二醇甲醚、乙酸为溶剂。其中，硝酸铋、乙酸钠过量 10%（摩尔分数）用于补偿退火过程中钠和铋的挥发，且加入适量的聚乙烯吡咯烷酮（PVP）和乙酰丙酮以提高溶液的黏度和稳定性。通过控制乙二醇甲醚的加入量，将 BNTMnx 前驱体溶液的最终浓度调整为 0.5 mol/L。取少量的 BNTMnx 胶体滴加在 LNO 底电极上，利用匀胶机涂覆，转速为 3 000 r/min，匀胶时间为 20 s。匀胶完成后，将湿膜置于电热板上 150 ℃加热 3 min。将干燥后的薄膜放至三温区管式炉中进行热处理：410 ℃下保温 10 min，700 ℃下保温 3 min；重复以上过程直至薄膜达到所需厚度；最后一层湿膜旋涂完成后直接放入管式炉中 700 ℃下退火 10 min。最终得到所需的 BNTMn 薄膜。制备工艺流程如图 4.1 所示。

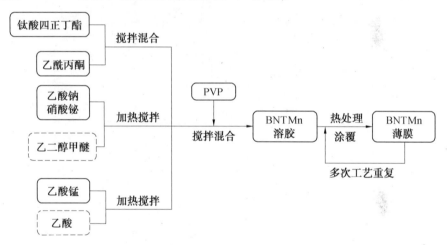

图 4.1　BNTMn 薄膜制备工艺流程图

2. 薄膜的结构及性能表征

采用 X 射线衍射仪分析 BNTMnx 薄膜的晶体结构。通过场发射扫描电子显微镜观察薄膜断面及表面形貌。为进行电学性能测试，利用小型离子溅射仪在薄膜表面溅射 Au 顶电极（直径为 0.2 mm）。采用安捷伦 E4980A LCR 分析仪研究薄膜的介电性能。通过铁电测试系统测试薄膜的电滞回线（$P-E$ 回线）及漏电流特性。根据 $P-E$ 结果计算薄膜的储能特性。

4.2.2 Mn^{2+} 掺杂对 BNT 薄膜微观结构的影响

1. BNTMn 薄膜的物相结构

图 4.2 为不同 Mn^{2+} 掺杂浓度的 BNTMnx(x＝0、0.01、0.03、0.05)薄膜的 XRD 谱图,测量范围为 $2\theta=20°\sim60°$。从图 4.2(a)中可以观察到,全部 BNT 薄膜均具有钙钛矿结构并且未探测到第二相生成痕迹。从图 4.2(b)中可以发现随 Mn^{2+} 掺杂浓度的缓慢增加,其薄膜的(111)峰位向较低的衍射角度移动。Mn^{2+} 离子半径(0.83 Å)大于 Ti^{4+} 离子半径(0.61 Å),Mn^{2+} 取代了 ABO_3 结构中心的 Ti^{4+} 引起晶格膨胀,从而使(111)峰向低衍射角度方向移动。

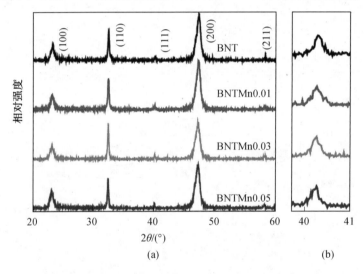

图 4.2 不同 Mn^{2+} 掺杂浓度的 BNTMnx 薄膜的 XRD 谱图

2. BNTMn 薄膜的微观形貌

图 4.3(a)~(d)为不同 Mn^{2+} 掺杂浓度的 BNT 薄膜的表面 SEM 图。从图中可以看出,随着 Mn^{2+} 掺杂浓度的增加,BNTMn 薄膜的晶粒先减小后增加,平均粒径分别为 112 nm、75 nm、114 nm 和 142 nm。除 BNTMn0.05 薄膜之外,所有薄膜均具有均匀的晶粒分布,且致密没有明显裂纹生成。而 BNTMn0.05 薄膜的晶粒分布很不均匀,且有明显的气孔生成,说明 Mn^{2+} 掺杂浓度可能已达到体系的固溶极限,这种现象会对薄膜的击穿场强产生不利的影响。图 4.3(e)为 BNTMn0.01 薄膜的断面图,可以清晰地观察到底电极层与 BNTMn0.01 薄膜层,并且它们之间没有明显的扩散现象。LNO 与 BNTMn0.01 薄

膜的厚度分别为 400 nm、1 200 nm。

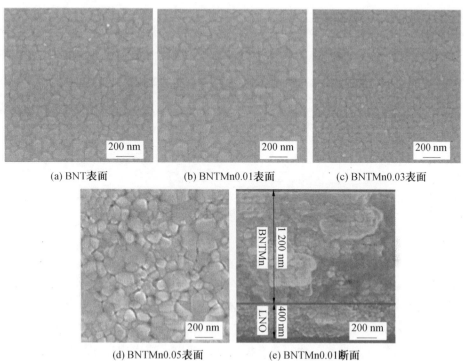

(a) BNT 表面　　　　　(b) BNTMn0.01 表面　　　　　(c) BNTMn0.03 表面

(d) BNTMn0.05 表面　　　　　(e) BNTMn0.01 断面

图 4.3　(a)～(d) 不同 Mn^{2+} 掺杂浓度的 BNT 薄膜的表面 SEM 图；(e) BNTMn0.01 薄膜的断面 SEM 图

4.2.3　Mn^{2+} 掺杂对 BNT 薄膜电学行为的影响

1. Mn^{2+} 掺杂对 BNT 薄膜介电性能的影响

图 4.4 为各 BNTMnx 薄膜的介电常数和介电损耗随频率的变化规律，频率范围为 1 kHz～1 MHz。从图中可以看出，各薄膜样品的介电常数随频率的增加而逐渐减小，介电损耗随频率的增加而逐渐增大，这主要是因为在高频下有一些极化响应（如偶极子）跟不上频率的变化，造成介电损耗升高，介电常数减小。BNT、BNTMn0.01、BNTMn0.03 和 BNTMn0.05 薄膜在 100 kHz 时的介电常数分别为 325.6、374、401.9 和 314。显然，随着 Mn^{2+} 掺杂浓度的增加薄膜的介电常数先增大后减小。薄膜介电常数的增大，可能是因为 Mn^{2+} 替代了部分 Ti^{4+} 进而使 Ti—O 八面体的晶格畸变增大，对薄膜的极化造成影响。而当 Mn^{2+} 掺杂浓度为 5% 时，薄膜的介电常数突然变小，这可能是由于气孔增

多造成薄膜质量劣化。

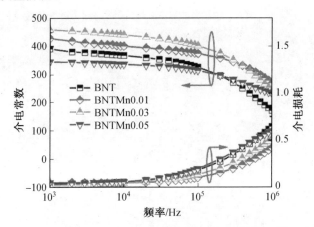

图 4.4 各 BNTMnx 薄膜的介电频谱图

图 4.5 为室温下各 BNTMnx 薄膜的介电常数随外加场强的变化规律,测试频率为 100 kHz。显然,所有 BNTMnx 薄膜展现了典型的单蝴蝶曲线,表现出明显的铁电特性。BNTMnx 薄膜样品介电常数随 Mn^{2+} 掺杂浓度的变化规律与图 4.4 所得结果一致,同样是先增大后减小。另外,介电损耗也是衡量介电材料性质的重要指标。大的介电损耗会致使电介质电容器在工作时产生大量的热,不仅会影响电介质电容器的电学特性,还会降低电容器的使用寿命。可以发现,当 Mn^{2+} 掺杂浓度为 1‰ 和 3‰ 时,薄膜的介电损耗明显低于纯 BNT 薄膜的介电损耗,说明适当掺杂 Mn^{2+} 可以降低 BNT 薄膜的介电损耗。

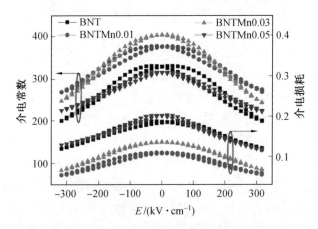

图 4.5 各 BNTMnx 薄膜的介电偏压图

图 4.6 为 100 kHz 条件下各 BNTMnx 薄膜的介电温谱图,测试温度范围为 25～400 ℃。在升温过程中,BNTMnx 薄膜的介电常数不断增大,达到最大值后开始逐渐下降,其最大介电常数所对应温度 T_m 为居里温度。BNT、BNTMn0.01、BNTMn0.03 和 BNTMn0.05 薄膜的 T_m 分别为 362 ℃、369 ℃、362 ℃ 和 357 ℃。另外,还可以发现 BNT 薄膜的 T_m 比 BNT 块体陶瓷的 T_m(320 ℃)高,这种现象可能是膜内的应力造成的。

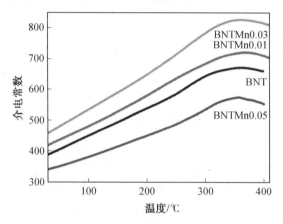

图 4.6　各 BNTMnx 薄膜的介电温谱图

2. Mn^{2+} 掺杂对 BNT 薄膜漏电流密度的影响

图 4.7 为室温下各 BNTMnx 薄膜漏电流密度对电场依赖关系,电场范围为 50～900 kV/cm,每个电场下的测试时间为 1 000 ms。BNT、BNTMn0.01、BNTMn0.03 和 BNTMn0.05 薄膜在 900 kV/cm 电场条件下的漏电流密度分别为 3.59×10^{-4} A/cm^2、3.29×10^{-5} A/cm^2、1.26×10^{-4} A/cm^2 和 1.88×10^{-3} A/cm^2。显然,BNTMnx 薄膜的漏电流密度随 Mn^{2+} 掺杂浓度的升高而降低,但在 Mn^{2+} 掺杂浓度为 5％时漏电流密度反而升高。BNT 薄膜的漏电流密度强烈依赖于氧空位,氧空位一方面来自于热处理过程中 Na 与 Bi 的挥发,另一方面来自于 Ti 离子的变价,Ti 作为一种变价金属存在三价与四价,由氧空位产生的载流子可以在不同价态的 Ti 离子之间互相跳动,容易形成漏电流路径。掺杂的 Mn^{2+} 可以取代 Ti^{4+},产生的 $(Mn_{Ti}^{2+})''$ 与薄膜中移动的氧空位形成缺陷复合物 $[(Mn_{Ti}^{2+})'-V_O^{2-\cdot\cdot}]$ 从而限制了氧空位在薄膜中的移动。移动的氧空位减少,可以在不同 Ti 离子之间跳跃的载流子也相应减少,使得漏电流减小。而 BNTMn0.05 薄膜具有很大的漏电流密度,这可能与其薄膜中的孔洞较多及晶粒大小不均匀造成薄膜表面不致密有关。同时,Mn^{2+} 替换 Ti^{4+} 必将

引入氧空位,并且随着 Mn^{2+} 掺杂浓度的增加,氧空位的数目增加,当薄膜中 Mn^{2+} 掺杂浓度大于 0.05% 时,氧空位数目急剧增多,由氧空位形成的电子传导路径的概率增大,导致漏电流逐渐增大。通过以上分析得到,适量的 Mn^{2+} 掺杂可以使得载流子势阱变深,改变薄膜的漏电机制,降低漏电流密度。

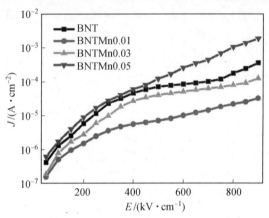

图 4.7 各 BNTMnx 薄膜在不同电场下的漏电流密度

3. Mn^{2+} 掺杂对 BNT 薄膜击穿场强的影响

图 4.8(a) 为不同 Mn^{2+} 掺杂浓度的 BNT 薄膜 BDS 的韦伯分布。由图可知,BNT、BNTMn0.01、BNTMn0.03 和 BNTMn0.05 薄膜的 BDS 分别为 1 782 kV/cm、2 310 kV/cm、2 098 kV/cm 和 1 384 kV/cm。可以明显地观察到,随着 Mn^{2+} 掺杂浓度的增加,薄膜的 BDS 先增大后减小,其变化趋势与漏电流密度相同,其中 Mn^{2+} 掺杂浓度为 1% 和 3% 的薄膜的 BDS 相较于纯 BNT 薄膜分别提升了 29.6% 和 17.7%。而 Mn^{2+} 掺杂浓度为 0.05% 的薄膜的 BDS 反而下降,这可能是其薄膜中的孔洞较多及晶粒大小不均匀导致薄膜表面不致密造成的。以上结果表明,通过调控 Mn^{2+} 的掺杂浓度能够有效提升 BNT 薄膜的耐击穿能力。

4.2.4　Mn^{2+} 掺杂对 BNT 薄膜储能行为的影响

1. Mn^{2+} 掺杂对 BNT 薄膜极化行为的影响

图 4.9(a) 为室温下不同 BNTMnx 薄膜在各自 BDS 下的 $P-E$ 回线,图 4.9(b) 对比了各薄膜的最大极化值(P_{max})与剩余极化值(P_r)的差值。由图可知,Mn^{2+} 掺杂浓度对 BNT 薄膜的 $P-E$ 回线有着显著的影响。BNT、BNTMn0.01、BNTMn0.03 和 BNTMn0.05 薄膜的最大极化值与剩余极化值

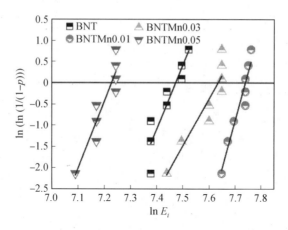

图 4.8 不同 Mn^{2+} 掺杂浓度的 BNT 薄膜 BDS 的韦伯分布

之差分别为 26 $\mu C/cm^2$、41.8 $\mu C/cm^2$、25.4 $\mu C/cm^2$ 和 17.4 $\mu C/cm^2$。显然，$P_{max}-P_r$ 值随着 Mn^{2+} 掺杂浓度的升高先增大后减小，BNTMn0.01 薄膜的 $P_{max}-P_r$ 值最大。因为离子半径较大的 Mn^{2+} 取代了离子半径相对较小的 Ti^{4+} 从而增加了 Ti—O 八面体的畸变，提高了 BNT 薄膜极化能力，这可能是导致 $P_{max}-P_r$ 值随着 Mn^{2+} 掺杂浓度的增加而增大的主要原因。而 Mn^{2+} 掺杂浓度大于 1% 时薄膜极化差值的降低主要是漏电流增大，损耗增多，击穿场强降低导致的。虽然 BNTMn0.01 与 BNTMn0.03 薄膜具有相对较高的击穿场强，但它们的 $P-E$ 回线仍然比 BNTMn0.05 薄膜所展现的 $P-E$ 回线纤细，这可能是由于前者的漏电流密度较小的缘故，BNTMn0.05 薄膜因漏电流

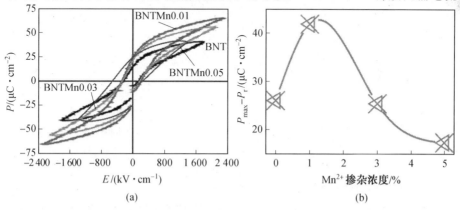

图 4.9 (a)不同 BNTMnx 薄膜在各自 BDS 下的 $P-E$ 回线；(b)最大极化值与剩余极化值差值

密度较大所以展现出具有圆形特征的 $P-E$ 回线。BNTMn0.01 薄膜与其他样品相比,同时具有 $P_{max}-P_r$ 与 BDS 最高值。因此,可以预测在该薄膜中能够获得高的储能密度。

2. Mn^{2+} 掺杂对 BNT 薄膜储能特性的影响

图 4.10 为不同 Mn^{2+} 掺杂浓度的 BNT 薄膜从 200 kV/cm 到各自的击穿场强下的储能密度(W_{rec})与储能效率(η)的变化关系。从图中可以看出,随外加场强的增大,各 BNTMnx 薄膜的储能密度呈线性增加,而效率呈现出相反的变化趋势。当纯 BNT 薄膜的外加场强从 200 kV/cm 增加到 1 782 kV/cm 时,相应的储能密度从初始的 0.6 J/cm³ 增大到 14.1 J/cm³,而其储能效率从 64.2% 减小到 42.8%。当 BNTMn0.01 薄膜的外加场强从 200 kV/cm 增加到 2 310 kV/cm 时,相应的储能密度从初始的 0.9 J/cm³ 增大到 30.2 J/cm³,而其储能效率从 63.9% 减小到 47.7%。当 BNTMn0.03 薄膜的外加场强从 200 kV/cm 增加到 2 098 kV/cm 时,相应的储能密度从初始的 0.8 J/cm³ 增大到 20.8 J/cm³,而其储能效率从 52.7% 减小到 39.7%。当 BNTMn0.05 薄膜的外加场强从 200 kV/cm 增加到 1 384 kV/cm 时,相应的储能密度从初始的 0.3 J/cm³ 增大到 6.8 J/cm³,而其储能效率从 42.6% 减小到 21.3%。同预测结果一样,在 BNTMn0.01 薄膜中实现了更高的储能密度。

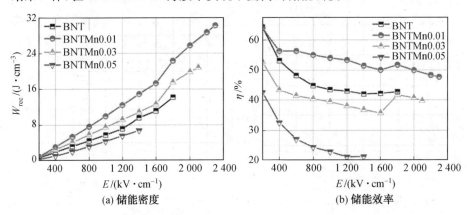

(a) 储能密度　　　　　　　　　(b) 储能效率

图 4.10　不同 Mn^{2+} 掺杂浓度的 BNT 薄膜在不同场强下的储能密度与储能效率

3. BNTMn 铁电薄膜储能特性的稳定性

对于电介质储能材料而言,优良的储能特性除了要具有高储能密度外,还要具备良好的储能性能稳定性。因此,接下来针对 BNTMn0.01 薄膜,研究其在不同频率和温度范围内的储能性能稳定性。图 4.11(a)为室温下 BNTMn0.01 薄膜在 500 Hz～5 kHz 频率范围内的 $P-E$ 回线,外加场强固定为 1 000 kV/cm。从图中可以看出,不同频率条件下的 $P-E$ 回线几乎重合,展现出良好的稳定性。图 4.11(b) 为 BNTMn0.01 薄膜储能密度和储能效率随频率的变化关系。在测试频率范围内,BNTMn0.01 薄膜的储能密度在 9.9～10.1 J/cm³ 之间波动,储能效率仅在 55.2%～57.2% 变化。此结果表明 BNTMn0.01 薄膜具有优良的频率储能性能稳定性,能够在该频率范围内稳定工作。

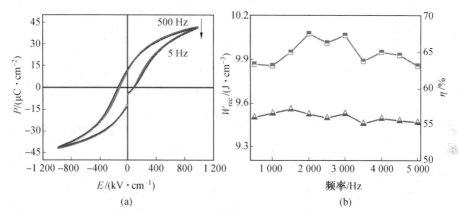

图 4.11　(a)BNTMn0.01 薄膜在不同频率下的 $P-E$ 回线;(b)BNTMn0.01 薄膜储能密度与储能效率随频率的变化关系

　　电子器件的热稳定性一直以来都被看作器件在宽温度范围内稳定运行的一个至关重要的因素。因此,在 25～225 ℃ 范围内研究了 BNTMn0.01 薄膜的储能特性。图 4.12(a) 为固定电场(1 000 kV/cm)下 BNTMn0.01 薄膜在 45 ℃、105 ℃、165 ℃和 225 ℃时的 $P-E$ 回线。如图所示,随着温度的升高,BNTMn0.01 薄膜的 P_{max} 略微增大,这可能是高温下电畴的热活性增强使其更容易翻转导致的。图 4.12(b) 为 BNTMn0.01 薄膜储能密度与储能效率随温度的变化关系。在 25～145 ℃ 的温度范围内,W_{rec} 从 1 J/cm³ 增加到 10.3 J/cm³,η 从 53.8% 增加到 60%。当温度进一步升高时,W_{rec} 和 η 值均逐渐降低,在 225 ℃时分别降至 10.1 J/cm³ 和 53.8%,这可能与高温下电导损耗增加有关。在整个温区范围内,储能密度与储能效率波动幅度很小,表明 BNTMn0.01 薄膜具有优异的温度稳定性。

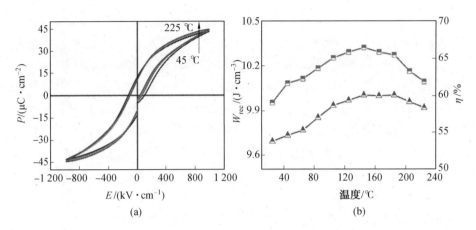

图 4.12　(a)BNTMn0.01 薄膜在不同温度下的 $P-E$ 回线;(b)BNTMn0.01 薄膜储能密度与储能效率随温度的变化关系

4.3　Fe^{3+} 掺杂 BNKT 基无铅铁电薄膜的储能特性

BNT 在室温下为三方相,并可与其他四方相组分固溶形成三方与四方相共存的准同型相界(MPB)。经研究发现,MPB 附近的介电材料通常表现出优异的电介质储能特性。Wu 等人指出 $(1-x)Bi_{0.5}Na_{0.5}TiO_{3-x}(Bi_{0.5}K_{0.5})TiO_3$ 薄膜的三方相与四方相准同型相界存在于 $x=0.15$ 附近,可以推断 $0.85Bi_{0.5}Na_{0.5}TiO_3-0.15(Bi_{0.5}K_{0.5})TiO_3$(BNKT)基铁电薄膜(以下简称 BNKT 薄膜)材料可能具备高储能密度的潜力。因此,本节以 BNKT 薄膜为研究对象,通过受主掺杂向薄膜材料中引入低价阳离子 Fe^{3+},Fe^{3+} 进入 BNKT 晶体内部置换中心的 Ti^{4+},产生的 $(Fe_{Ti^{4+}}^{3+})'$ 与薄膜中移动的氧空位形成缺陷复合物 $[(Fe_{Ti^{4+}}^{3+})'-V_O^{2-\cdot\cdot}-(Fe_{Ti^{4+}}^{3+})']$,从而限制了氧空位在薄膜中的移动,减小了漏电流密度。

4.3.1　BNKTFe 薄膜的制备及表征

1.薄膜样品的制备

采用溶胶—凝胶法在 LNO(100)/Pt/TiO_2/SiO_2/Si(100)基底上制备了 Fe^{3+} 掺杂的 $0.85Bi_{0.5}Na_{0.5}TiO_3-0.15(Bi_{0.5}K_{0.5})TiO_3$ 薄膜(简写为 BNKTFex,$x=0$、0.01、0.02、0.04)。首先,采用溶胶—凝胶法在洁净的 Pt/TiO_2/SiO_2/Si(100)基底制备厚度约为 200 nm 的(100)择优取向的 LNO 薄膜

作为底电极。然后,制备 BNKTFex 前驱体溶液:以硝酸铋、乙酸钠、硝酸铁、硝酸钾和钛酸四正丁酯为原料;以乙二醇甲醚、乙酸为溶剂。其中,硝酸铋、乙酸钠过量 10%(摩尔分数)用于补偿退火过程中钠和铋的挥发,且加入适量的聚乙烯吡咯烷酮(PVP)和乙酰丙酮以提高溶液的黏度和稳定性。通过控制乙二醇甲醚的加入量,将 BNKTFex 前驱体溶液的最终浓度调整为 0.37 mol/L。取少量的 BNKTFex 胶体滴加在 LNO 底电极上,利用匀胶机涂覆,转速为 3 000 r/min,匀胶时间为 20 s。匀胶完成后,将湿膜置于电热板上 150 ℃ 加热 3 min。将干燥后的薄膜放至三温区管式炉中进行热处理:410 ℃ 下保温 10 min,700 ℃ 下保温 3 min;重复以上过程直至薄膜达到所需厚度;最后一层湿膜旋涂完成后直接放入管式炉中 700 ℃ 下退火 10 min。最终得到所需的 BNKTFe 薄膜。制备工艺流程如图 4.13 所示。

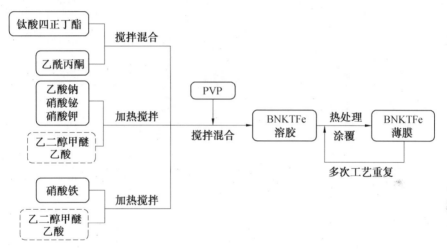

图 4.13　BNKTFe 薄膜制备工艺流程图

2.薄膜的结构及性能表征

采用 X 射线衍射仪分析 BNKTFex(x＝0、0.01、0.02、0.04)薄膜的晶体结构。通过场发射扫描电子显微镜观察薄膜断面及表面形貌。利用 X 射线光电子能谱(XPS)分别测量了 BNKTFe 薄膜 Ti 和 O 的电子构型。为进行电学性能测试,利用小型离子溅射仪在薄膜表面溅射 Au 顶电极(直径为 0.2 mm)。采用安捷伦 E4980A LCR 分析仪研究薄膜的介电性能。通过铁电测试系统测试薄膜的电滞回线(P−E 回线)及漏电流特性。根据 P−E 结果计算薄膜的储能特性。

4.3.2 Fe^{3+} 掺杂对 BNKT 薄膜微观结构的影响

1. 薄膜的物相结构

图 4.14 显示了 BNKTFex($x=0$、0.01、0.02、0.04)薄膜的 X 射线衍射结果,测量范围为 $2\theta=20°\sim60°$。据观察,所有 BNKT 薄膜都很好地结晶成纯的钙钛矿相并且没有检测出烧绿石相的痕迹,表明所有薄膜都没有过烧。如图 4.15 所示,在所有薄膜上检测到的存在于 45°和 49°之间的衍射峰都可以拟合成三个峰(002)、(202)和(200),分别对应四方相(002)、四方相(200)与三方相(200),表明 Fe^{3+} 的掺入并未影响 BNKT 母体的相结构,所有薄膜都存在于三方相与四方相的准同型相界附近。

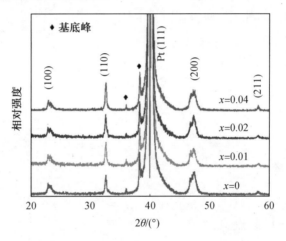

图 4.14 Fe^{3+} 掺杂 BNKT 薄膜的 XRD 谱图

2. 薄膜的微观形貌

图 4.16(a)~(d)为 BNKTFex($x=0$、0.01、0.02、0.04)薄膜的 AFM 表面形貌图,图 4.16(e)~(h)为它们的平均晶粒尺寸分布统计图,其中统计晶粒总个数为 100。从图中可以看出,所有薄膜的晶粒尺寸分布较为均匀,表面致密且鲜有孔洞生成。随 Fe^{3+} 掺杂浓度的增加,BNKTFex 薄膜的平均晶粒尺寸(C_{avg})先增大后减小。经统计,BNKTFex($x=0$、0.01、0.02、0.04)薄膜的平均晶粒尺寸分别为 52.5 nm、65.5 nm、68.8 nm 和 62.7 nm。

以 BNKTFe0.02 薄膜为例,其断面形貌如图 4.17 所示。从图中可以清晰地观察到 LaNiO$_3$(100)底电极层与 Pt(111)/TiO$_2$/SiO$_2$/Si 基底,BNKTFe0.02 薄膜层与 LaNiO$_3$(100)底电极层之间清晰的界面,且相互之间没有明显的扩散现象。其中,LaNiO$_3$ 底电极与 BNKTFe0.02 薄膜的厚度分别为 200 nm 和 1 150 nm。

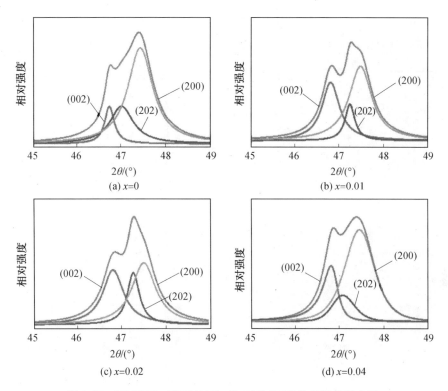

图 4.15　BNKTFex 薄膜(002)、(200)和(202)的衍射峰拟合图

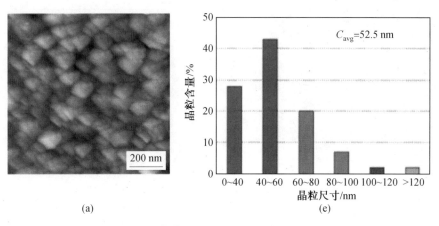

图 4.16　(a)～(d)BNKTFex 薄膜的 AFM 表面形貌图；(e)～(h)BNKTFex 薄膜的
平均晶粒尺寸分布统计图

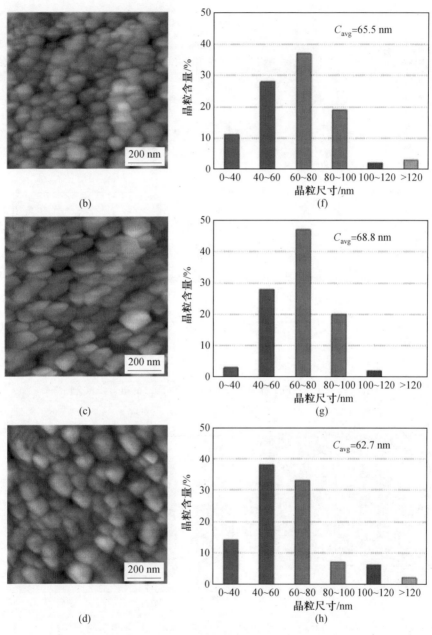

续图 4.16

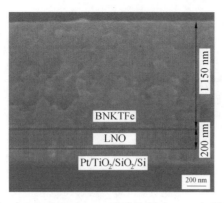

图 4.17　BNKTFe0.02 薄膜的断面 SEM 扫描图

3. 薄膜的 X 射线光电子能谱

图 4.18(a)和(b)分别为 BNKT 和 BNKTFe0.01 薄膜中 Ti 离子的 XPS 谱图，图中 461 eV 与 458 eV 处的峰代表 Ti^{4+} 的特征信号，而 455 eV 处的峰代表 Ti^{3+} 的特征信号。通过软件拟合峰面积表明掺杂 Fe^{3+} 的 BNKT 薄膜中 Ti^{3+} 与 Ti^{4+} 的比例与 BNKT 薄膜相比明显减少，表明掺杂 Fe^{3+} 可以有效抑制 Ti 离子的变价。因为氧空位和 Ti 离子变价有关，由此推断掺杂 Fe^{3+} 可以降低氧空位的掺杂浓度。为证实这一点，图 4.18(c)和(d)分别给出了 BNKT 和 BNKTFe0.01 薄膜中氧离子的 XPS 谱图。图中 529.7 eV 处的峰代表 Fe—O 键和 Ti—O 键的特征信号，而 531.9 eV 处的峰代表氧空位的特征信号，通过软件拟合峰面积证实 Fe^{3+} 掺杂以后使得 BNKT 薄膜中氧空位的掺杂浓度明显降低。氧空位是导致漏电流的直接因素，因此，添加适量的 Fe^{3+} 可以有效降低 BNKT 薄膜的漏电流密度。

4.3.3　Fe^{3+} 掺杂对 BNKT 薄膜电学性能的影响

1. Fe^{3+} 掺杂对 BNKT 薄膜介电性能的影响

图 4.19 为 Fe^{3+} 掺杂 BNKT 薄膜的介电常数和介电损耗随频率的变化关系，测试频率区间为 1 kHz～1 MHz。随 Fe^{3+} 掺杂浓度的增加，薄膜的介电常数变化趋势为先增大后减小，存在极大值拐点。在 100 kHz 下，BNKT、BNKTFe0.01、BNKTFe0.02 和 BNKTFe0.04 薄膜的介电常数分别为 439.3、437.6、453.1 和 427.1。这种现象表明适当的 Fe^{3+} 掺杂可以调节样品的介电常数，其原因是 Fe^{3+} 离子半径为 0.65 Å，大于 Ti^{4+} 离子半径(0.61 Å)，Fe^{3+} 取代 Ti^{4+} 后晶胞的体积增大，会增大 Ti—O 正八面体的畸变，正电荷与负电荷的

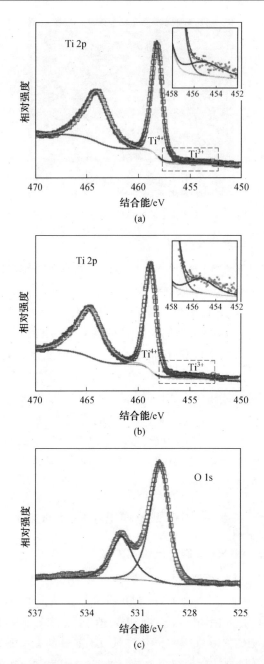

图 4.18 （a）和（b）BNKT 和 BNKTFe0.01 薄膜中 Ti 离子的 XPS 谱
图；（c）和（d）BNKT 和 BNKTFe0.01 薄膜中氧离子的 XPS 谱图

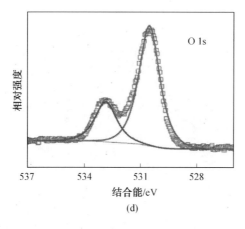

(d)

续图 4.18

中心也会产生偏移,从而对极化有积极的影响。所有薄膜的介电损耗在低频区间均小于 0.1,高频区间时除 BNKTFe0.02 薄膜外,其他薄膜的介电损耗超过 0.1。显然,BNKTFe0.02 具有最大的介电常数与最小的介电损耗,表现出良好的介电性能。

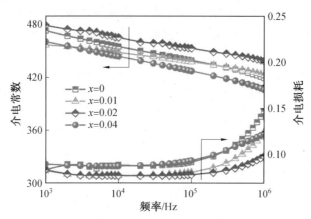

图 4.19　Fe^{3+} 掺杂 BNKT 薄膜的介电频谱图

图 4.20 为 Fe^{3+} 掺杂 BNKT 薄膜在室温下介电常数随着外加场强的变化图,测试频率设置为 100 kHz。由图可知,所有 BNKT 基薄膜均展现出有典型铁电特征的单蝴蝶曲线,并且介电常数和损耗随直流电场的逐渐增加而减小。随 Fe^{3+} 掺杂浓度的逐渐增加,BNKTFex 薄膜介电常数的变化趋势与图 4.19 所得结果相同,也为先增大后减小,当 Fe^{3+} 掺杂浓度为 1% 和 2% 时,介电损耗分别为 0.081 和 0.087,低于纯 BNKT 薄膜的介电损耗 0.092,表明适当 Fe^{3+}

掺杂可以降低介电损耗。

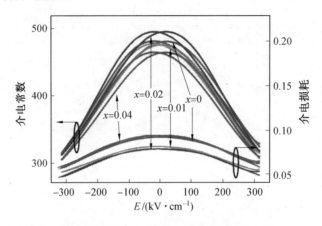

图 4.20　Fe^{3+} 掺杂 BNKT 薄膜的介电偏压图

图 4.21 为 Fe^{3+} 掺杂 BNKT 薄膜的温度依赖性介电温谱图,测试频率选择为 1 kHz。图中全部温度依赖曲线表现出相同的变化趋势,它们的介电常数在升温过程中到达最大值后逐渐减小,其最大值 T_m 为居里温度。显然它们的介电常数在很大的温度区间内变化得很柔和,表明该材料可以在很广的温度范围内应用。Fe^{3+} 的掺杂对 BNKT 基薄膜 T_m 的影响不大,基本在 320 ℃ 左右波动。

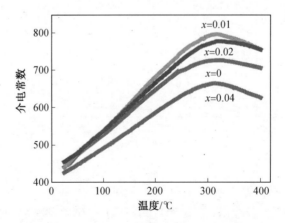

图 4.21　Fe^{3+} 掺杂 BNKT 薄膜的介电温谱图

2. Fe^{3+} 掺杂对 BNKT 薄膜漏电性能的影响

图 4.22 为室温下 BNKTFex 薄膜的漏电流密度随场强的变化关系,场强

范围为 50～900 kV/cm，每个电场下的测试时间为 1 000 ms。从图中可以看出 BNKTFex 薄膜的漏电流密度随 Fe^{3+} 掺杂浓度的升高而降低。其中，BNKT、BNKTFe0.01、BNKTFe0.02 和 BNKTFe0.04 薄膜在 500 kV/cm 的直流电场下的漏电流密度分别为 4.15×10^{-5} A/cm^2、4.54×10^{-6} A/cm^2、2.16×10^{-6} A/cm^2 和 1.26×10^{-5} A/cm^2。在上文提到过，BNKT 薄膜样品的漏电流密度强烈依赖于氧空位，而氧空位来自于热处理过程中 A 位元素的挥发，为不可避免的因素。另外，Ti 为一种变价金属，具有三价和四价，由氧空位产生的载流子可以在 Ti^{3+} 和 Ti^{4+} 之间跳动也是产生漏电流的一种途径。掺杂的 Fe^{3+} 可以取代 Ti^{4+}，产生的 $(Fe_{Ti^{4+}}^{3+})'$ 与薄膜中移动的氧空位形成缺陷复合物 $[(Fe_{Ti^{4+}}^{3+})' - V_O^{2-\cdot\cdot} - (Fe_{Ti^{4+}}^{3+})']$，从而限制了氧空位在薄膜中的移动，减小了漏电流密度。移动的氧空位减少，可以在不同 Ti 离子之间跳跃的载流子也相应减少，漏电流也减小。在 BNKTMn0.05 薄膜处的漏电流密度增大但始终小于纯 BNKT 薄膜的漏电流密度。

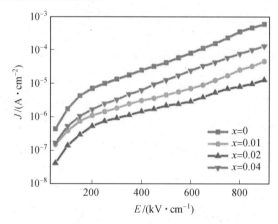

图 4.22　BNKTFex 薄膜的漏电流密度随场强的变化关系

3. Fe^{3+} 掺杂对 BNKT 薄膜击穿场强的影响

图 4.23 为 BNKTFex 薄膜的韦伯分布图。由图可知，BNKT、BNKTFe0.01、BNKTFe0.02 和 BNKTFe0.04 薄膜样品的击穿场强分别为 1 813 kV/cm、1 992 kV/cm、2 296 kV/cm 和 1 946 kV/cm，其变化趋势和薄膜的漏电流密度变化趋势相同。随着 Fe^{3+} 掺杂浓度的增加，薄膜的 BDS 先升高随后降低。与纯 BNKT 薄膜相比，BNKTFe0.01、BNKTFe0.02 和 BNKTFe0.04 薄膜的击穿场强分别提升了 9.9%、26.6% 和 7.3%。该测试结果表明适量掺杂 Fe^{3+}

将会明显提高 BNKT 薄膜的击穿场强。可以预见,在掺杂 Fe^{3+} 的 BNKT 薄膜中能够实现储能密度的提升。

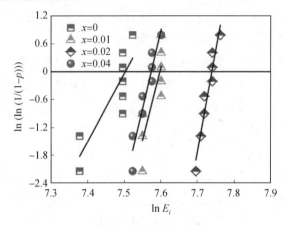

图 4.23　BNKTFex 薄膜的韦伯分布图

4.3.4　Fe^{3+} 掺杂对 BNKT 薄膜储能行为的影响

1. Fe^{3+} 掺杂对 BNKT 薄膜极化行为的影响

图 4.24(a)为室温下 BNKTFex 薄膜在各自 BDS 下的 $P-E$ 回线,图 4.24(b)为其相应的最高极化(P_{max})与剩余极化(P_r)之间的差值柱状图。可以观察到,Fe^{3+} 掺杂浓度对 BNKT 基薄膜的 $P-E$ 回线有着显著的影响。BNKT、BNKTFe0.01、BNKTFe0.02 和 BNKTFe0.04 薄膜的 P_{max} 值分别为 66.4 $\mu C/cm^2$、63.5 $\mu C/cm^2$、71.6 $\mu C/cm^2$ 和 59.3 $\mu C/cm^2$,P_r 值分别为 30.5 $\mu C/cm^2$、22.8 $\mu C/cm^2$、22.1 $\mu C/cm^2$ 和 22.2 $\mu C/cm^2$。显然,BNKTFe0.02 薄膜具有最大的 $P_{max}-P_r$ 值(49.5 $\mu C/cm^2$)。因此,预测在此 BNKTFe0.02 薄膜中可以实现储能密度的提升。

2. Fe^{3+} 掺杂对 BNKT 薄膜储能特性的影响

图 4.25 为 BNKTFex 薄膜从 200 kV/cm 到各自击穿场强下的储能密度与储能效率变化关系。各薄膜样品的储能密度与储能效率呈现出相反的变化趋势,随外加场强的升高,储能密度呈线性增加,而储能效率逐渐减小。当 BNKT 薄膜的外加场强从 200 kV/cm 增加到 1 813 kV/cm 时,相应的储能密度从初始的 1 J/cm³ 增大到 18.5 J/cm³,其储能效率从初始的 61% 减小到 18.3%。当 BNKTFe0.01 薄膜的外加场强从 200 kV/cm 增加到 1 992 kV/cm 时,相应

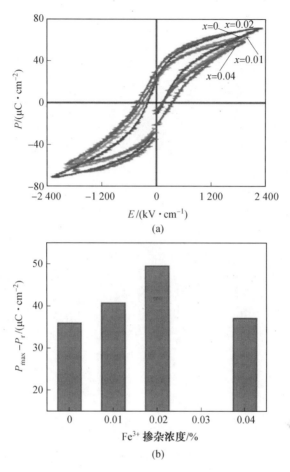

图 4.24　(a)BNKTFex 薄膜在各自 BDS 下的 $P-E$ 回线;(b)饱和极化与剩余极化差值柱状图

的储能密度从初始的 1 J/cm³ 增大到 27.1 J/cm³,而其储能效率从 76.8% 减小到 48.2%。当 BNKTFe0.02 薄膜的外加场强从 200 kV/cm 增加到 2 296 kV/cm 时,相应的储能密度从初始的 1.1 J/cm³ 增大到 33.3 J/cm³,它的储能效率从 68.4% 减小到 51.3%。当 BNKTFe0.04 薄膜的外加场强从 200 kV/cm 增加到 1 946 kV/cm 时,相应的储能密度从初始的 0.8 J/cm³ 增大到 21.4 J/cm³,其储能效率从 65.6% 减小到 40.9%。在 BNKTFe0.02 薄膜样品上获得了最大的储能密度(33.3 J/cm³)。除了展现出高储能密度,优良的储能特性还要体现在该材料可以展现出良好的储能性能稳定性,下面进行 BNKTFe0.02 薄膜的储能性能稳定性研究。

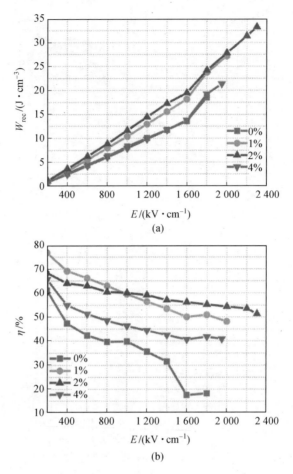

图 4.25　BNKTFex 薄膜从 200 kV/cm 到各自击穿场强下的储能
密度与储能效率变化关系

3. BNKTFe 薄膜储能特性稳定性研究

图 4.26(a)为 BNKTFe0.02 薄膜在不同频率下的 $P-E$ 回线,测试温度为室温,外加场强为 1 200 kV/cm,测试频率为 500 Hz～5 kHz。通过 $P-E$ 回线得出的 BNKTFe0.02 薄膜储能密度与储能效率的频率依赖性变化关系如图 4.26(b)所示。从图中可以清晰地观察到,随着测试频率的增加,储能密度和与之对应的储能效率只是在范围很小的区间内波动。当 BNKTFe0.02 薄膜的测试频率从 500 Hz 增加至 5 kHz 时,相应的储能密度波动范围为 14.3～14.6 J/cm^3,储能效率则在 58.6%～60.8% 之间变化。表明 BNKTFe0.02 薄膜具有优良

的频率储能性能稳定性,以该材料制成的介电电容器及相关器件能在该频率范围内稳定工作。

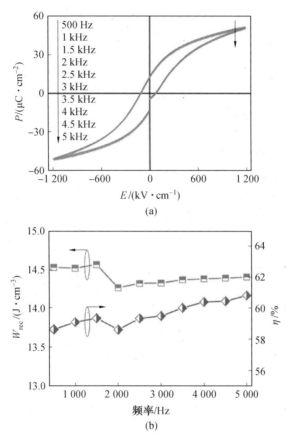

图 4.26　(a)BNKTFe0.02 薄膜在不同频率下的 $P-E$ 回线;(b)
BNKTFe0.02 薄膜在不同频率下的储能密度与储能效率

　　图 4.27(a)为 BNKTFe0.02 薄膜在不同温度下的 $P-E$ 回线,测试温度为 20~130 ℃,为防止 BNKTFe0.02 薄膜在高温环境中击穿,外加场强选择较小的 800 kV/cm,测试频率为 1 kHz。如图所示,随着温度升高,BNKTFe0.02 薄膜的 P_{max} 呈现先增大后减小的趋势,这可能与高温下的电畴活性及电导损耗有关。BNKTFe0.02 薄膜储能密度与储能效率的温度依赖性变化关系如图 4.27(b)所示。从图中可知,随着外界环境温度的提高,储能密度与储能效率的变化关系曲线均出现了一个最高值拐点。温度从 20 ℃升高到 130 ℃时,储能密度与储能效率也是在很小的区间内变化。在 20 ℃下储能密度与储能效率分

别为 8.8 J/cm³ 与 59.8%；当温度升高到 70 ℃时,储能密度与储能效率也分别增大为 9 J/cm³ 与 61.5%；当温度升至 130 ℃时,储能密度与储能效率分别减小至 8.7 J/cm³ 与 59%。这一测试结果表明 BNKTFe0.02 储能薄膜具有优良的温度稳定性。

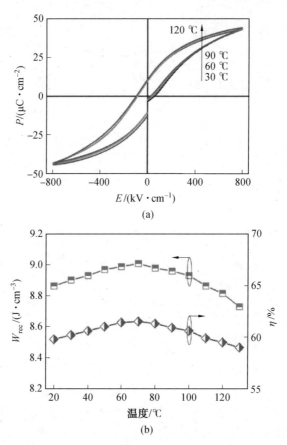

图 4.27 (a)BNKTFe0.02 薄膜在不同温度下的 $P-E$ 回线；(b) BNKTFe0.02 薄膜在不同温度下的储能密度与储能效率

4.4 本章小结

Mn^{2+}、Fe^{3+} 掺入 BNT 薄膜,其与氧空位形成了缺陷复合体,进而抑制了氧空位的移动,导致漏电流减小,使得体系击穿场强增大。本章详细研究了 Mn^{2+}、Fe^{3+} 掺杂浓度对 BNT 薄膜相结构、微观形貌、漏电流、介电性能和储能

行为的影响,主要结论如下:

(1)随 Mn^{2+} 掺杂浓度的增加,薄膜的晶粒先减小后增大并且出现气孔。薄膜的击穿场强与介电常数随 Mn^{2+} 掺杂浓度的增加先增大后减小,而其漏电流密度先减小后增大。结果,BNTMn0.01 薄膜具有较小的介电损耗,最小的漏电流密度,最大的 BDS(2 310 kV/cm)及最大的 $P_{max} - P_r$ 值(41.8 $\mu C/cm^2$)。BNTMn0.01 薄膜最高的储能密度为 30.2 J/cm^3、储能效率为 47.7%,且该薄膜表现出良好的频率及温度稳定性。

(2)以三方相—四方相准同型相界附近的 BNKT 薄膜为母体,通过 Fe^{3+} 掺杂使其漏电行为得到明显改善,BNKTFe0.02 薄膜在 500 kV/cm 场强下展现出最小的漏电流密度(4.54×10^{-6} A/cm^2)、最大的 BDS(2 296 kV/cm)以及最大的 $P_{max}-P_r$ 值(49.5 $\mu C/cm^2$)。该组分薄膜储能密度达到 33.3 J/cm^3,储能效率为 51.3%,同时表现出优异的温度及频率稳定性。

参 考 文 献

[1] FENG C, YANG C H, GENG F J, et al. Microstructure and electrical properties mediated by defects in $Na_{0.5} Bi_{0.5} Ti_{0.98} Mn_{0.02} O_3$, thin film under different annealing atmospheres [J]. Journal of the European Ceramic Society, 2016, 36(3):527-532.

[2] WU Y, WANG X, ZHONG C, et al. Effect of Mn doping on microstructure and electrical properties of the ($Na_{0.85} K_{0.15}$)$_{0.5} Bi_{0.5} TiO_3$ thin films prepared by sol-gel method[J]. Journal of the American Ceramic Society, 2011, 94(11):3877-3882.

[3] ZHANG L, HAO X, ZHANG L. Dielectric properties and energy-storage performances of $(1-x)(Na_{0.5} Bi_{0.5})TiO_3 - x SrTiO_3$ thick films prepared by screen printing technique[J]. Journal of Alloys and Compounds, 2014, 586(6):674-678.

[4] WANG X, HAO X, ZHANG Q, et al. Energy-storage performance and pyroelectric energy harvesting effect of PNZST antiferroelectric thin films [J]. Journal of Materials Science Materials in Electronics, 2017, 28(2):

1438-1448.

[5] SONG S, ZHAI J, GAO L, et al. Orientation-dependent dielectric properties of $Ba(Sn_{0.15}Ti_{0.85})O_3$ thin films prepared by sol-gel method [J]. Journal of Physics and Chemistry of Solids, 2009, 70(8):1213-1217.

[6] FENG C, YANG C H, SUI H T, et al. Effect of Fe doping on the crystallization and electrical properties of $Na_{0.5}Bi_{0.5}TiO_3$, thin film [J]. Ceramics International, 2015, 41(3):4214-4217.

[7] PAN H, ZENG Y, SHEN Y, et al. $BiFeO_3$-$SrTiO_3$ thin film as a new lead-free relaxor-ferroelectric capacitor with ultrahigh energy storage performance [J]. Journal of Materials Chemistry A, 2017, 5 (12): 5920-5926.

[8] ZHUO F, LI Q, ZHOU Y, et al. Large field-induced strain, giant strain memory effect, and high thermal stability energy storage in $(Pb,La)(Zr, Sn,Ti)O_3$ antiferroelectric single crystal[J]. Acta Materialia, 2018, 148: 28-37.

[9] LI J, LI F, ZHANG S J. Decoding the fingerprint of ferroelectric loops: comprehension of the material properties and structures[J]. Journal of the American Ceramic Society, 2014, 97(1):1-27.

[10] ZHANG H, CHEN C, ZHAO X, et al. Structure and electrical properties of $Na_{1/2}Bi_{1/2}TiO_{3-x}K_{1/2}Bi_{1/2}TiO_3$ lead-free ferroelectric single crystals[J]. Solid State Communications, 2015, 201:125-129.

[11] ZHANG L, HAO X, ZHANG L. Enhanced energy-storage performances of Bi_2O_3-Li_2O added $(1-x)(Na_{0.5}Bi_{0.5})TiO_{3-x}BaTiO_3$ thick films[J]. Ceramics International, 2014, 40(6):8847-8851.

[12] XIE Z, PENG B, JIE Z, et al. Effects of thermal anneal temperature on electrical properties and energy-storage density of $Bi(Ni_{1/2}Ti_{1/2})O_3$-$PbTiO_3$ thin films-ScienceDirect[J]. Ceramics International, 2015, 41: 206-212.

[13] XIE Z K, PENG B, MENG S Q, et al. High-energy-storage density

capacitors of $Bi(Ni_{1/2}Ti_{1/2})O_3$-$PbTiO_3$ thin films with good temperature stability[J]. Journal of the American Ceramic Society, 2013, 96(7): 2061-2064.

[14] XIE Z, YUE Z, PENG B, et al. Effect of PbO excess on the microstructure, dielectric and piezoelectric properties, and energy-storage performance of $Bi(Ni_{1/2}Ti_{1/2})O_3$-$PbTiO_3$ thin films [J]. Japanese Journal of Applied Physics, 2014, 53(8S3):8NA02.

[15] WU Y, WANG X, ZHONG C, et al. Effect of Mn doping on microstructure and electrical properties of the $(Na_{0.85}K_{0.15})_{0.5}Bi_{0.5}TiO_3$ thin films prepared by sol-gel method[J]. Journal of the American Ceramic Society, 2011, 94(11):3877-3882.

[16] WU Y, WANG X, ZHONG C, et al. Effect of anneal conditions on electrical properties of Mn-doped $(Na_{0.85}K_{0.15})_{0.5}Bi_{0.5}TiO_3$ thin films prepared by sol-gel method [J]. Journal of the American Ceramic Society, 2011, 94(6):1843-1849.

[17] FENG C, YANG C H, SUI H T, et al. Effect of Fe doping on the crystallization and electrical properties of $Na_{0.5}Bi_{0.5}TiO_3$ thin film [J]. Ceramics International, 2015, 41(3):4214-4217.

[18] SUN J Q, YANG C H, SONG J H, et al. The microstructure, ferroelectric and dielectric behaviors of $Na_{0.5}Bi_{0.5}(Ti,Fe)O_3$ thin films synthesized by chemical solution deposition: effect of precursor solution concentration [J]. Ceramics International, 2017, 43(2): 2033-2038.

[19] ZHENG X, LIU J Y, PENG J F, et al. Effect of potassium content on electrostrictive properties of $Na_{0.5}Bi_{0.5}TiO_3$-based relaxor ferroelectric thin films with morphotropic phase boundary[J]. Thin Solid Films, 2013, 548(2):118-124.

[20] HU W, YUN L, WITHERS R L, et al. Electron-pinned defect-dipoles for high-performance colossal permittivity materials [J]. Nature

Materials，2013，12(9)：821-826.

[21] LI Y，CAO M，WANG D，et al. High-efficiency and dynamic stable e-lectromagnetic wave attenuation for La doped bismuth ferrite at elevated temperature and gigahertz frequency[J]. RSC Advances，2015，5：77184-77191.

第 5 章　A、B 位共掺杂 BNT 基无铅铁电薄膜的储能特性

5.1　概　　述

目前对于 $Bi_{0.5}Na_{0.5}Ti_1O_3$（BNT）基材料的掺杂改性主要集中于块体材料，实际上 BNT 薄膜的掺杂改性一般都会参考 BNT 块体材料的掺杂改性方法，但是对于 BNT 薄膜而言，并非所有 BNT 块体材料的掺杂都能应用到 BNT 薄膜中。目前绝大部分 BNT 的掺杂改性都是基于液相方法，通过热处理后才得到 BNT 薄膜，因此考虑到掺杂离子的存在形式，实际上可供掺杂的离子并不像块体材料那么广泛，尤其是 A、B 位共掺的三元复杂组分。针对这一点，本章介绍了通过磁控溅射法制备 A、B 位共掺的 $0.9(0.94Bi_{0.5}Na_{0.5}TiO_3-0.06BaTiO_3)-0.1NaNbO_3$（BNT-BT-NN）三元薄膜，并详细研究了不同的退火工艺对其微观结构、介电性能、漏电性能及储能特性的影响。

5.2　BNT-BT-NN 薄膜的制备及表征

5.2.1　BNT-BT-NN 薄膜的制备

通过磁控溅射法制备 BNT-BT-NN 薄膜，首先要制备 BNT-BT-NN 靶材，然后利用 JGP-450B 型磁控溅射仪将 BNT-BT-NN 靶材的原子沉积在基片上，本节选取 $Pt(111)/TiO_2/SiO_2/Si(100)$ 为基片，在基片上首先镀一层 $LaNiO_3$（LNO）作为缓冲层，因为 BNT-BT-NN 与 LNO 具有相同的钙钛矿结构，因此其容易在 LNO 薄膜上生长。然后对制备的 BNT-BT-NN 薄膜进行退火，以获得储能特性较好的铁电薄膜。

1. BNT-BT-NN 靶材的制备

采用传统的固相烧结法制备 BNT-BT-NN 陶瓷靶材，其步骤包括：称料、一次球磨、预烧、二次球磨、造粒、压片成型、冷等静压、排胶和烧结。制备工

艺流程如图 5.1 所示。

(1)称料。根据化学通式 $0.9(0.94Na_{0.5}Bi_{0.5}TiO_3 - 0.06BaTiO_3) - 0.1NaNbO_3$ 计算制备该陶瓷所需各化学药品质量,然后利用电子分析天平进行称料。

(2)一次球磨。采用行星式球磨机将称量后的粉体进行混匀,将粉体置于尼龙球磨罐中,其中粉体质量:锆球质量:酒精质量=1:2:1,球磨机转速为 500 r/min,球磨时间为 24 h,最后得到均匀的粉体酒精悬浊液,而后将其在烘干箱中烘干。

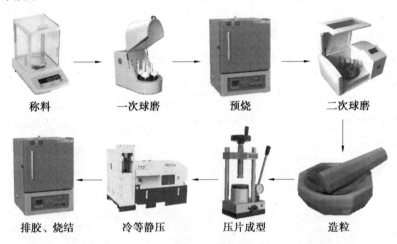

称料　　　　一次球磨　　　　预烧　　　　二次球磨

排胶、烧结　　冷等静压　　压片成型　　造粒

图 5.1　BNT-BT-NN 陶瓷靶材的制备工艺流程图

(3)预烧。将其置于 Al_2O_3 坩埚中,放入马弗炉中进行预烧,其预烧工艺为:从室温以 3 ℃/min 的升温速率升温至 800 ℃,并在 800 ℃温度下保温 2 h,然后随炉降至室温。

(4)二次球磨。采用高能球磨机将预烧后的粉体磨碎,使其平均晶粒大小达到 10 μm 以下,将预烧好的粉体置于尼龙材质的球磨罐中,其中粉体质量:玛瑙球质量:酒精质量=1:2:1,球磨转速采用 1 120 r/min,球磨 24 h,得到平均晶粒尺寸在 10 μm 以下的粉体的酒精悬浊液,而后将其在烘干箱中烘干,温度为 100 ℃,时间控制在 3~5 h。

(5)造粒。

采用手工造粒法对粉体进行造粒,将粉体放置于研钵中,加入聚乙烯醇溶液(PVA 质量分数为 7.5%)),其中粉体质量与聚乙烯醇溶液体积比为 1 g:2 滴,一边研磨粉体一边按其比例将聚乙烯醇均匀加入粉体,然后将该粉体过筛

(80～18 目),取颗粒粒径处于两者之间的粉体,保证其具有良好的流动性及黏结性。

(6)压片成型。采用单向压片机将造粒后的粉体干压为片状。取造粒后的粉体 50 g,将其放置于直径为 7 cm 的圆柱形压制模具中,选取 60 MPa 压力,双面分别保压 10 min,得到直径为 7 cm 的圆片形状的陶瓷坯体。

(7)冷等静压。先将干压后的陶瓷坯体用保鲜膜严密包裹,共包裹 4 层,保证其不会进油,然后将其置于冷等静压机的油中,采用压力为 200 MPa,保压 10 min,然后将其从保鲜膜中拆出,得到更为致密的陶瓷坯体,如图 5.2 所示,测得直径为 7 cm。

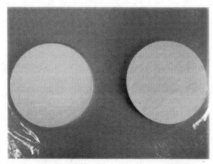

图 5.2　BNT－BT－NN 靶材坯体实物图

(8)排胶。采用传统烧结法,将冷等静压后的陶瓷坯体置于 Al_2O_3 坩埚中,放入马弗炉中进行排胶,以 1 ℃/min 的升温速率升温至 550 ℃,保温 500 min,彻底排除靶材中的 PVA。

(9)烧结。采用传统烧结法,将干压后的陶瓷坯体置于 Al_2O_3 坩埚中,放入马弗炉中进行烧结,其烧结工艺为:从室温以 3 ℃/min 的升温速率升温至 1 050 ℃并在该温度下保温 2 h,然后以 3 ℃/min 的降温速度降至室温,得到成色均匀且致密的陶瓷片,如图 5.3 所示,测得直径为 6 cm,收缩率约为 14.3%。

2. BNT－BT－NN 薄膜的制备

(1)开机,装基片。将固定有 LNO/Pt(111)/TiO_2/SiO_2/Si(100) 的样品夹放入溅射舱中,关闭溅射舱,并检查气路的密闭性。

(2)抽真空。利用磁控溅射仪自带的机械泵和分子泵对溅射舱进行抽真空,使其真空度达到 $3×10^{-4}$ Pa。

(3)打开氩气与氧气的气路,继续抽真空,使真空度达到 $4×10^{-4}$ Pa,如所

图 5.3　BNT−BT−NN 靶材实物图

选的溅射条件为高温,则在执行该步骤期间对基片台同时进行升温操作。

(4)充入溅射气体。向溅射舱中充入溅射所需的气体,包括氩气、氧气或者二者的混合气体。

(5)预先溅射。为了防止靶材表面的灰尘及其他物质影响薄膜成分,在溅射薄膜之前要先对靶材进行预先溅射,去除靶材表面的杂质。

(6)薄膜溅射。根据实验设计方案,调整溅射参数以获得所需薄膜,包括溅射功率、溅射温度、气体比例等。

(7)关机。完成薄膜的溅射后,关闭磁控溅射仪。

(8)退火处理。将溅射好的薄膜在快速热处理炉(RTP)中进行退火。

以上是薄膜制备的基本流程,其工艺参数如表 5.1 所示。

表 5.1　BNT−BT−NN 薄膜制备工艺参数

参数	指标
靶材组分	$0.9(0.94Bi_{0.5}Na_{0.5}TiO_3-0.06BaTiO_3)-0.1NaNbO_3$
靶材直径/cm	6
溅射气体	$V(Ar):V(O_2)=30:20$
溅射气压/Pa	1
溅射功率/W	40
溅射时间/h	4
溅射基片	$LNO/Pt(111)/TiO_2/SiO_2/Si$
溅射温度	室温
退火温度/℃	600、625、650、675
退火气氛	空气
退火时间/min	10

5.2.2　BNT－BT－NN 薄膜结构及性能表征

采用 X 射线衍射仪分析 BNT－BT－NN 薄膜的晶体结构。通过场发射扫描电子显微镜观察薄膜断面及表面形貌。为进行电学性能测试,利用小型离子溅射仪在薄膜表面溅射 Au 顶电极(直径为 0.2 mm)。采用安捷伦 E4980A LCR 分析仪研究薄膜的介电性能。通过铁电测试系统测试薄膜的电滞回线(P－E回线)及漏电流特性。根据 P－E 结果计算薄膜的储能特性。

5.3　退火温度对 BNT－BT－NN 薄膜微观结构的影响

5.3.1　退火温度对 BNT－BT－NN 薄膜相结构的影响

图 5.4 为在 600 ℃、625 ℃、650 ℃、675 ℃退火温度下制得的 BNT－BT－NN 薄膜的 XRD 谱图,扫描范围为 20°~80°,扫描速度为 4(°)/min。可以看出,所有薄膜样品都表现出结晶良好的单一钙钛矿相结构,并且没有观察到第二相的生成。同时可以看出该退火范围内的 BNT－BT－NN 薄膜显示出(111)的择优生长取向。

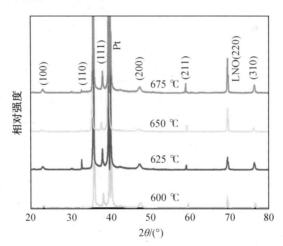

图 5.4　不同退火温度处理的 BNT－BT－NN 薄膜的 XRD 谱图

5.3.2 退火温度对 BNT－BT－NN 薄膜微观形貌的影响

图 5.5(a)～(d)为不同退火温度处理的 BNT－BT－NN 薄膜的 SEM 图。从图中可以看出,随着退火温度的升高,BNT－BT－NN 薄膜的晶粒尺寸呈现出明显增加的趋势。此外,所有薄膜样品表面平整、致密,没有发现明显的裂纹或孔洞。与其他样品相比,在 650 ℃ 退火的 BNT－BT－NN 薄膜中表现出了最致密的结构,这有利于获得高击穿场强。图 5.5(a)的插图给出了 BNT－BT－NN 薄膜的相应断面 SEM 图。可以看出,BNTT－BT－NN 薄膜具有均匀且致密的微观结构,且 BNT－BT－NN 薄膜与 LNO 层之间没有明显的相互的扩散现象。测得 BNT－BT－NN 薄膜的厚度约为 300 nm,LNO 层的厚度约为 200 nm。

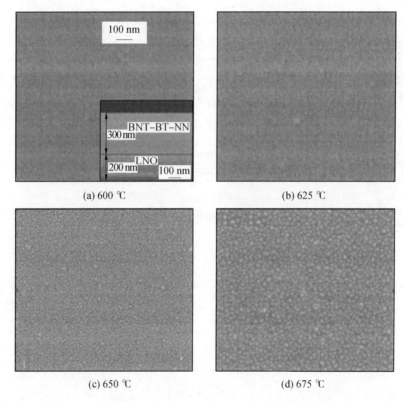

图 5.5 不同退火温度处理的 BNT－BT－NN 薄膜的 SEM 图

5.4　退火温度对 BNT－BT－NN 薄膜电学性能的影响

5.4.1　退火温度对 BNT－BT－NN 薄膜介电性能的影响

　　图 5.6 为不同退火温度下处理的 BNT－BT－NN 薄膜的介电常数和介电损耗随频率的变化关系,测试温度为室温,频率范围为 1 kHz～1 MHz。可以明显地观察到,随着测试频率的不断增加,所有样品的介电常数逐渐下降。下降的趋势是由于一些需要长时间的极化过程,如空间电荷极化,在高频下这类极化方式对整体的极化并没有贡献,所以导致介电常数减小。相反,随着外加测试频率的不断增加,介电损耗却随之逐渐增大。插图列出了 1 kHz 时600 ℃、625 ℃、650 ℃、675 ℃退火温度下制备的 BNT－BT－NN 薄膜的介电常数分别为 118、170、185 和 222。相对较低的退火温度对介电损耗的数值几乎没有影响,但是对于在相对较高的 675 ℃退火的 BNT－BT－NN 薄膜,其介电损耗急剧增加,具有比较高的介电损耗。这些薄膜的介电特性均由晶界控制,其中适当的退火温度将有助于晶粒的生长和晶界的减少,有利于提高薄膜的介电性能。

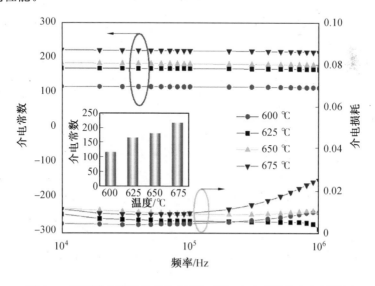

图 5.6　不同退火温度处理的 BNT－BT－NN 薄膜的介电频谱图

图 5.7 分别为不同退火温度处理的 BNT－BT－NN 薄膜的介电常数相对于测试温度的变化关系。测试条件为 1 MHz,从室温到 300 ℃。其中,选择 1 MHz作为测试频率,是为了避免在高温下薄膜的击穿。对于 BNT－BT－NN 块体陶瓷,居里温度约为 200 ℃。但对于 BNT－BT－NN 薄膜,在相同的温度下并没有出现该峰值。这种扁平的温谱曲线图代表着一种扩散相变,造成这种现象的原因可能是 BNT－BT－NN 薄膜的平均晶粒尺寸过于小以及薄膜内部存在着残余的应力。

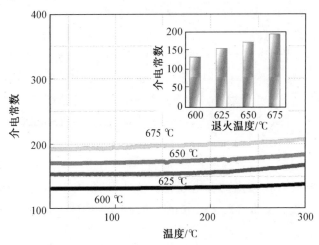

图 5.7　不同退火温度处理的 BNT－BT－NN 薄膜的介电温谱图

5.4.2　退火温度对 BNT－BT－NN 薄膜击穿特性的影响

图 5.8 为不同退火温度处理的 BNT－BT－NN 薄膜击穿场强的韦伯分布图。退火温度为 600 ℃、625 ℃、650 ℃、675 ℃ 的 BNT－BT－NN 薄膜的 BDS 分别为 3 628 kV/cm、4 062 kV/cm、5 757 kV/cm 和 4 633 kV/cm。很明显,退火温度为 650 ℃时制备的 BNT－BT－NN 薄膜具有最大的 BDS。出现这种结果的原因是,合适的退火温度可以提高膜的致密度和质量,但退火温度过高会使晶粒过度生长并破坏膜的结构。因此,适当的退火温度可以提高薄膜的击穿场强。

5.4.3　退火温度对 BNT－BT－NN 薄膜漏电特性的影响

图 5.9 为不同退火温度处理的 BNT－BT－NN 薄膜的漏电流密度,测试温度为室温,测试电场为 1 500 kV/cm。退火温度为 600 ℃、625 ℃、650 ℃、

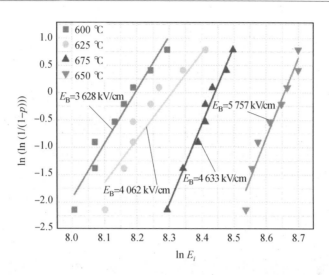

图 5.8　不同退火温度处理的 BNT－BT－NN 薄膜击穿场强的韦伯分布图

675 ℃的 BNT－BT－NN 薄膜的稳定电流密度值分别为 4.685×10^{-4} A/cm²、3.003×10^{-4} A/cm²、1.27×10^{-5} A/cm² 和 1.356×10^{-4} A/cm²。其中,在 650 ℃退火处理的 BNT－BT－NN 薄膜的漏电流密度具有最小值,而后漏电流密度又随着退火温度的升高而增大。实际上,许多因素影响了漏电流密度的值,如化学成分、晶粒尺寸、晶界和晶粒取向等。在这里,较大的晶粒尺寸,最大的击穿场强,较大的介电常数和较低的介电损耗可能是 650 ℃退火处理的薄膜漏电流密度最低的原因。

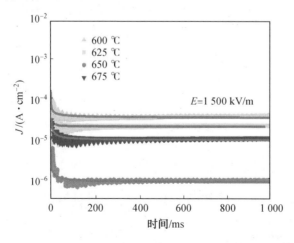

图 5.9　不同退火温度处理的 BNT－BT－NN 薄膜的漏电流密度

5.5 退火温度对 BNT－BT－NN 薄膜
储能特性的影响

5.5.1 退火温度对 BNT－BT－NN 薄膜极化行为的影响

图 5.10 为不同退火温度处理的 BNT－BT－NN 薄膜的 P－E 图,测试温度为室温,测试频率为 1 kHz,测试电场为 3 170 kV/cm,插图给出了与之相对应的 P_{max}－P_r 值。可以发现,该 P－E 图与常规铁电材料和弛豫材料的形状差别很大。所有薄膜的 P－E 回线均呈现出近似线性响应的电滞回线,饱和极化和剩余极化均比较低,这主要是薄膜的平均晶粒尺寸较小的缘故。一般而言,大的晶粒尺寸更容易获得高的饱和极化和高的剩余极化。退火温度为 600 ℃、625 ℃、650 ℃和 675 ℃ 的四种 BNT－BT－NN 薄膜的 P_{max}－P_r 值分别为 16.0、18.3、20.5 和 18.8。显然,650 ℃条件下退火的薄膜获得了最大的极化差值,更有利于获得高的储能密度。

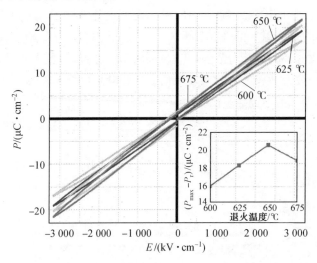

图 5.10 不同退火温度处理的 BNT－BT－NN 薄膜的 P－E 图

5.5.2 退火温度对 BNT－BT－NN 薄膜储能特性的影响

介电材料具有比较高的 P_{max}－P_r 值以及比较高的击穿场强和低的介电损耗,可以得到较高的储能密度。图 5.11 为通过 P－E 回线计算的不同退火温度处理的 BNT－BT－NN 薄膜的储能密度及储能效率。如图所示,退火温度为 600 ℃、625 ℃、650 ℃、675 ℃ 的 BNT－BT－NN 薄膜的储能密度分别为 24.8 J/cm³、28.4 J/cm³、31.9 J/cm³ 和 29.0 J/cm³。同时,与之相对应的储能效率分别为 88.6%、91.1%、90.5% 和 86.4%。显然,650 ℃ 退火处理的 BNT－BT－NN 薄膜不仅具有最高的储能密度,而且具有较高的储能效率。

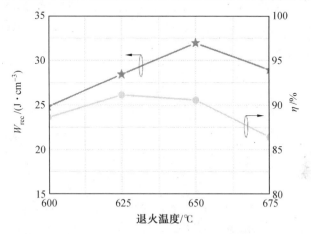

图 5.11　不同退火温度处理的 BNT－BT－NN 薄膜储能密度及储能效率

5.5.3　BNT－BT－NN 薄膜储能特性稳定性研究

经过对不同退火工艺的 BNT－BT－NN 薄膜的相结构、微观表面、介电性能、储能行为等的比较,确定了 650 ℃ 退火的 BNT－BT－NN 薄膜具有最佳的电学性能。该退火工艺所得到的铁电薄膜具有最高的储能密度和较高的储能效率等特性,是作为高储能密度电容器的合适材料。但是仅仅如此并不能适应电容器的实际应用。在实际应用中,电子器件工作在一个相对来说比较复杂的环境中,比如在不同频率或者高温环境下工作。所以,测试薄膜电容器储能行为相对于不同温度以及不同频率的稳定性对电容器的实际应用意义重大。本小节将主要测试 650 ℃ 退火的 BNT－BT－NN 薄膜储能行为的温度和频率的稳定性,以确定该材料的实用性。

1. BNT－BT－NN 薄膜的频率稳定性

图 5.12 为 500 Hz～5 kHz 的频率范围内和室温下测得的 650 ℃ 退火处理的 BNT－BT－NN 薄膜储能行为对频率依赖性的关系。从图 5.12 的插图可以看出,随着测试频率的变化,$P－E$ 回线没有明显的形变,几乎重合在一起。

随着试验频率的增加,储能密度在 23.3 J/cm^3 和 23.7 J/cm^3 之间略有波动,相应的储能效率在 88.3% 和 92.2% 之间波动。

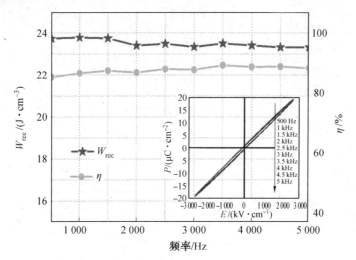

图 5.12　650 ℃退火处理的 BNT−BT−NN 薄膜在不同频率下的储能密度及储能效率,插图为相应的 $P-E$ 回线

2. BNT−BT−NN 薄膜的温度稳定性

图 5.13 为从室温到 100 ℃和 1 kHz 测试条件下的 650 ℃退火处理的 BNT−BT−NN 薄膜的储能行为对温度依赖性关系,插图为对应的 $P-E$ 回线。为了避免薄膜在较高温度下发生介电击穿,实验选取在 2 600 kV/cm 的电场下进行。如图所示,随着测试温度的变化,$P-E$ 回线没有明显的形变,几乎重合在一起。室温测试条件下,该薄膜的储能密度值为 23.6 J/cm^3,与之相对应的储能效率为 86.4%。随着温度升至 100 ℃,值略有下降,分别为 23.1 J/cm^3 和 82.8%。

5.6　本章小结

本章通过磁控溅射法成功制备了 BNT−BT−NN 薄膜,并深入研究了退火工艺对其相结构、微观形貌、介电性能、储能行为的影响,主要结论如下:

(1)在 600 ℃、625 ℃、650 ℃、675 ℃四种不同退火温度下制得的 BNT−BT−NN 薄膜均结晶良好,均表现为单一的钙钛矿相结构,均具有平整致密的微观形貌。

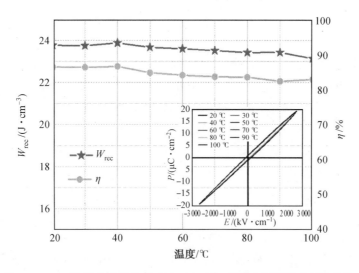

图 5.13　650 ℃退火处理的 BNT－BT－NN 薄膜在不同温度下的储能密度及储能效率,插图为相应的 $P-E$ 回线

　　(2)在 650 ℃的退火温度下制备的 BNT－BT－NN 薄膜具有最大的 BDS (5 757 kV/cm)和最大的 $P_{max}-P_r$ 值(20.5 $\mu C/cm^2$),从而表现出最大的储能密度,达到 31.9 J/cm³,储能效率为 90.5%。同时,该薄膜具有良好的温度和频率稳定性。

参 考 文 献

[1] CHEN S Y, CHEN W. Temperature-time texture transition of Pb(Zr$_{1-x}$ Ti$_x$)O$_3$ thin films：Ⅰ, role of Pb-rich intermediate phases[J]. Journal of the American Ceramic Society, 1994, 77：2332-2336.

[2] CHEN S Y, CHEN W. Temperature-time texture transition of Pb(Zr$_{1-x}$ Ti$_x$)O$_3$ thin films：Ⅱ, heat treatment and compositional effects[J]. Journal of the American Ceramic Society, 1994, 77：2337-2344.

[3] HAO X H, ZHOU J, AN S L. Effects of PbO content on the dielectric properties and energy storage performance of (Pb$_{0.97}$La$_{0.02}$)(Zr$_{0.97}$Ti$_{0.03}$) O$_3$ antiferroelectric thin films[J]. Journal of the American Ceramic Society, 2011, 94：1647-1650.

[4] SEITZ M A, SOKOLY T O. High-temperature dielectric behavior of

polycrystalline ZnO[J]. Journal of The Electrochemical Society, 1974, 121:163-169.

[5] COLE M W. ALPAY S P. Performance enhanced complex oxide thin films for temperature stable tunable device applications: a materials design and process science prospective[M]. In Tech,2011.

[6] GUPTA V, MANSINGH A. Influence of postdeposition annealing on the structural and optical properties of sputtered zinc oxide film[J]. Journal of Applied Physics, 1996, 80:1063-1073.

[7] LIN Y H, CHENG P S, WU C C, et al. Properties of RF magnetron sputtered $0.95(Na_{0.5}Bi_{0.5})TiO_3-0.05BaTiO_3$ thin films[J]. Ceramics International, 2011, 37:3765-3769.

[8] YUAN Y, ZHANG S, ZHOU X, et al. High-temperature capacitor materials based on modified $BaTiO_3$[J]. Journal of Electronic Materials, 2009, 38:706-710.

[9] PENG B L, ZHANG Q, L X, et al. Large energy storage density and high thermal stability in a highly textured(111)-oriented $Pb_{0.8}Ba_{0.2}ZrO_3$ relaxor thin film with the coexistence of antiferroelectric and ferroelectric phases[J]. ACS Applied Materials & Interfaces, 2015, 7:13512-13517.

第6章 BNT 基弛豫型铁电薄膜的储能特性

6.1 概　　述

$Bi_{0.5}Na_{0.5}TiO_3$（BNT）作为一种典型的 ABO_3 钙钛矿型铁电材料,其 A 位 Bi^{3+} 在 $6s^2$ 轨道的孤对电子作用,使得其具有较高的极化强度,故而在无铅储能领域备受关注。但是纯的 BNT 材料剩余极化和矫顽场较大,在其放电过程中大部分储存的能量转化为热量释放,导致能量损耗相对较高,并不具备优异的储能特性。弛豫型铁电体的电滞回线相比于铁电体更加纤细,更容易获得高储能密度。因此要想在 BNT 中获得高的储能特性,首先要在室温下得到弛豫相。本章分别从容忍因子(t)和畴结构两方面考量,通过把 BNT 与 $Bi(Mg_{0.5}Ti_{0.5})O_3$（BMT）、$Bi_{0.5}Ni_{0.5}ZrO_3$（BNZ）复合,成功制得 BNT 基弛豫型铁电薄膜,并深入探讨了 BMT 及 BNZ 掺杂浓度对 BNT 薄膜结构及电学性能的影响。

6.2 BNT－BMT 弛豫型铁电薄膜的储能特性

BNT 作为一种典型的 A 位离子复合取代的 ABO_3 钙钛矿型铁电体,具有很好的结构可调控性。许多研究已经证明,通过调控铁电固溶体的组成以减小容忍因子(t),可以实现铁电相向弛豫铁电相的结构演变。容忍因子通常用来衡量 ABO_3 型钙钛矿结构的形变特性与稳定性,其表达式为

$$t = \frac{R_A + R_O}{\sqrt{2}(R_B + R_O)} \tag{6.1}$$

式中,R_A 为 A 位金属阳离子半径;R_B 为 B 位金属阳离子半径;R_O 为氧离子半径。由此可知,如果在 BNT 基体 A 位引入离子半径较小的金属阳离子或者在其 B 位引入离子半径较大的金属阳离子,可将其诱导为弛豫铁电体,其储能密度将会得到很大的提升。本节将 $Bi(Mg_{0.5}Ti_{0.5})O_3$（BMT）加入到 BNT 基体

中,通过大半径的 Mg 离子替代 BNT 薄膜中的小半径的 Ti 离子诱导出弛豫铁电行为,使得 BNT 薄膜的电滞回线变纤细,加大最大极化与剩余极化之间的差值,进而达到提升薄膜储能特性的目的,设计思路如图 6.1 所示。

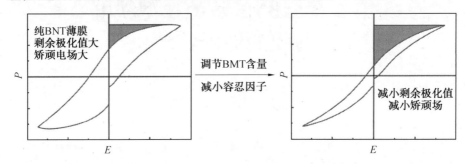

图 6.1　BMT 加入 BNT 基体后极化性能演变示意图

6.2.1　BNT－BMT 薄膜的制备及性能表征

1. 薄膜样品的制备

采用溶胶－凝胶法在 LNO(100)/Pt(111)/TiO_2/SiO_2/Si(100)基底上制备$(1-x)Bi_{0.5}Na_{0.5}TiO_3-xBiMg_{0.5}Ti_{0.5}O_3$(简写为 BNT－xBMT,x＝0、0.2、0.4、0.6)。首先,采用溶胶－凝胶法在洁净的 Pt(111)/TiO_2/SiO_2/Si(100)基底上制备(100)择优取向的 LNO 薄膜作为底电极。然后,制备 BNT－xBMT 前驱体溶液。先分别制备 BNT 和 BMT 溶液,再以化学计量比将两种溶液混合在一起。以硝酸铋、乙酸钠、乙酸镁和钛酸四正丁酯为原料;以乙酸和去离子水为溶剂。其中,硝酸铋、乙酸钠过量 10%(摩尔分数)用于补偿退火过程中钠和铋的挥发,且加入适量的聚乙烯吡咯烷酮(PVP)、乙酰丙酮和甲酰胺以提高溶液的黏度和稳定性。通过控制乙酸加入量,将 BNT－xBMT 前驱体溶液的最终浓度调整为 0.45 mol/L。取少量的 BNT－xBMT 胶体滴加在 LNO 底电极上,利用匀胶机涂覆,转速为 3 000 r/min,匀胶时间为 20 s。匀胶完成后,将湿膜置于电热板上 150 ℃加热 3 min。将干燥后的薄膜放至三温区管式炉中进行热处理:410 ℃下保温 10 min,700 ℃下保温 3 min;重复以上过程直至薄膜达到所需厚度;最后一层湿膜旋涂完成后直接放入管式炉中 700 ℃下退火10 min。最终得到所需的 BNT－BMT 薄膜。制备工艺如图 6.2 所示。

2. 薄膜的结构及性能表征

用 X 射线衍射仪分析了 BNT－xBMT 薄膜的晶体结构。通过场发射扫

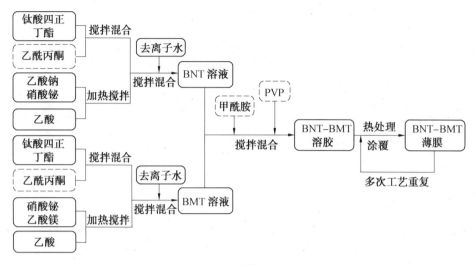

图 6.2　BNT－BMT 薄膜制备工艺流程图

描电子显微镜、原子力显微镜(AFM)和压电力显微镜(PFM)分别观察薄膜的断面、表面形貌和畴结构。为进行电学性能测试,利用小型离子溅射仪在薄膜表面溅射 Au 顶电极(直径为 0.2 mm)。采用安捷伦 E4980A LCR 分析仪研究薄膜的介电性能。通过铁电测试系统测试薄膜的电滞回线($P-E$ 回线)及漏电流特性。根据 $P-E$ 结果计算薄膜的储能特性。通过脉冲充放电 RLC 电路测试薄膜的充放电速度。

6.2.2　BNT－BMT 薄膜的微观结构

1. 薄膜的物相结构

图 6.3(a)为 BNT－xBMT($x=0$、0.2、0.4、0.6)薄膜和 LNO 底电极的 XRD 谱图,测量范围为 $2\theta=20°\sim60°$。所有薄膜都是多晶结构并呈现随机取向。$x=0$、0.2、0.4 的薄膜表现出纯的钙钛矿相,表明 BMT 成功进入 BNT 基体形成稳定的固溶体。然而,在 $x=0.6$ 的薄膜中检测到烧绿石相,表明 BMT 的掺入量已经超过了该体系的固溶极限,导致了第二相的形成。图 6.2(b)为相应的 BNT－xBMT 薄膜(100)衍射峰的放大图。从图中可以明显观察到,随着 BMT 掺杂浓度的增加,(100)衍射峰的位置逐渐向低角度偏移。其原因是 Mg^{2+} 的离子半径(0.83 Å)比 Ti^{4+} 的离子半径(0.61 Å)大,Mg 离子取代 Ti 离子后发生晶格膨胀。

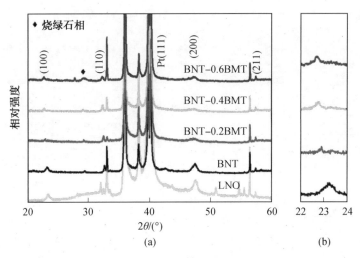

图 6.3 (a)BNT－xBMT 薄膜和 LNO 底电极的 XRD 谱图；(b)(100)衍射峰的放大图

2. 薄膜的微观形貌

图 6.4(a)～(d)分别为 BNT、BNT－0.2BMT、BNT－0.4BMT 和 BNT－0.6BMT薄膜表面的微观形貌。图 6.4(e)～(h)为相应薄膜的粒径分布,统计晶粒总数为 100。BNT、BNT－0.2BMT、BNT－0.4BMT 和 BNT－0.6BMT薄膜的平均晶粒尺寸分别为 92.6 nm、97.3 nm、104 nm 和 93.8 nm。显然,BMT 的加入对晶粒尺寸的影响不大,随 BMT 掺杂浓度增加,总体表现为先增大后减小。另外,BNT、BNT－0.2BMT、BNT－0.4BMT 薄膜均表现出致密的微观结构且孔隙率较低。而在 BNT－0.6BMT 薄膜表面则能观察到较大的孔洞,可能是 BMT 添加过量造成的,这不利于薄膜获得高的击穿场强。

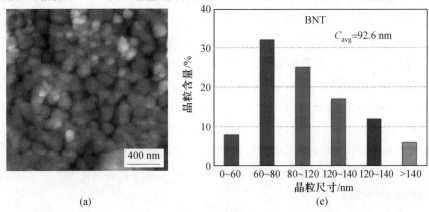

图 6.4 (a)～(d)BNT－xBMT 薄膜表面形貌图;(e)～(d)各薄膜的晶粒尺寸分布图

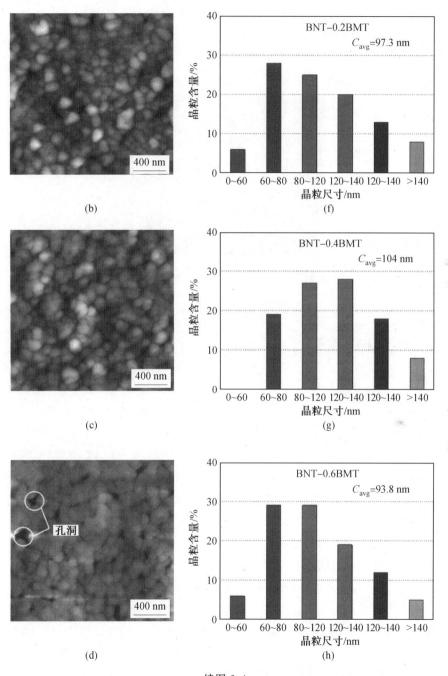

续图 6.4

图 6.5 为 BNT－0.4BMT 薄膜的断面图,可以看出薄膜致密而平整,且 $LaNiO_3(100)$ 与 $Pt(111)/TiO_2/SiO_2/Si$ 及 $LaNiO_3$ 与 BNT－0.4BMT 薄膜之间没有发生明显的扩散现象,界面较为明显。$LaNiO_3$ 底电极与 BNT－0.4BMT薄膜的厚度分别为 200 nm 和 1 000 nm。

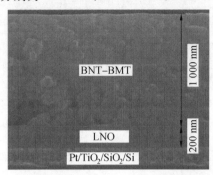

图 6.5　BNT－0.4BMT 薄膜的断面图

6.2.3　BNT－BMT 薄膜的电学性能

1. BNT－BMT 薄膜的介电性能

图 6.6(a)给出了不同 BNT－xBMT 薄膜的介电常数和介电损耗随频率的变化规律,测试频率区间选取为 1 kHz～1 MHz。从图中可以看出,随 BMT 掺杂浓度的增加,BNT 基膜的介电常数逐渐减小。而介电损耗开始变化不大,当 BMT 掺杂浓度达到 $x=0.6$ 时,介电损耗突然增大。例如,在 100 kHz 条件下,BNT、BNT－0.2BMT、BNT－0.4BMT 和 BNT－0.6BMT 薄膜的介电常数分别为 504.3、436.1、392.2 和 255.8,介电损耗分别为 0.028、0.033、0.022 和 0.070。图 6.6(b)展示了纯 BMT 薄膜的介电频谱,从图中可以看出,BMT 的介电常数较低,远远小于 BNT,这也就解释了介电常数随 BMT 掺杂浓度的增加而降低的原因。另外,BNT－0.6BMT 薄膜的高介电损耗可能是因为其存在较多的空隙和薄膜中存在第二相。

图 6.7(a)为不同 BNT－xBMT 薄膜在 100 kHz 下的介电温谱图。所有薄膜的介电常数随温的变化存在相同趋势,均是随温度的增加而不断增大,达到最大值以后逐渐下降,其最大值点 T_m 为居里温度。BNT、BNT－0.2BMT、BNT－0.4BMT 和 BNT－0.6BMT 薄膜的 T_m 分别为 318.4 ℃、356 ℃、376.3 ℃ 和 500.1 ℃。显然,随着 BMT 的增加,它们的 T_m 向高温移动,在 BMT 添加的 $(Na_{0.5}Bi_{0.5})_{0.92}Ba_{0.08}TiO_3$ 陶瓷中也出现了类似的结果。另外观察到,高 BMT

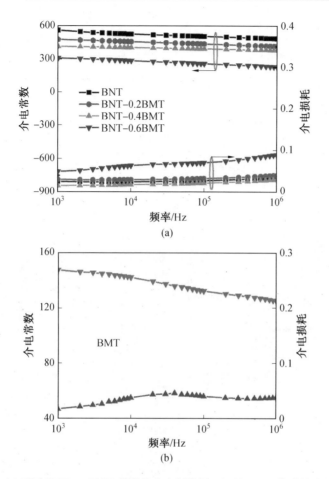

图 6.6　(a)不同 BNT－xBMT 薄膜的介电频谱图;(b)纯 BMT 薄膜的介电频谱图

掺杂浓度的 BNT 薄膜的介电常数在很大温度区范围内的变化相对平缓,加之它们的相转变温度较高,表明该材料可以在很广的温度范围内应用。图6.7(b)为 BNT－0.4BMT 薄膜不同频率下的介电常数和介电损耗的温度依赖性谱图。从图中可以看出,该薄膜具有典型的频率色散现象并且所有曲线显示宽的介电峰,表现出明显的弛豫行为。造成这种现象的原因是 BMT 的掺入扰乱了原来 BNT 钙钛矿 ABO_3 的长程有序结构。随 BMT 掺杂浓度的增加,B 位中 Ti 离子减少,Mg 离子增多,从而产生了极性纳米区域(PNRs)。

2. BNT－BMT 薄膜的漏电特性

图 6.8 给出了在室温和 500 kV/cm 电场条件下测量的不同 BNT－xBMT 薄膜的漏电流密度,测试时间为 1 000 ms。BNT、BNT－0.2BMT、BNT－0.4BMT

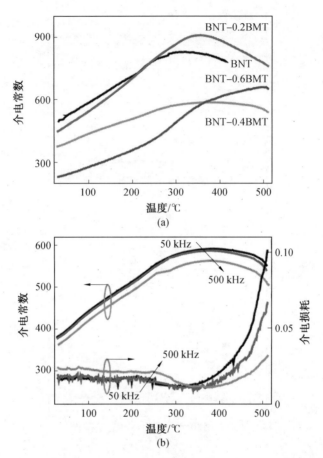

图 6.7　(a)不同 BNT－xBMT 薄膜的介电温谱图；(b)BNT－0.4BMT 薄
膜不同频率下的介电温谱图

和 BNT－0.6BMT 在直流电场下的漏电流密度分别为 8.31×10^{-4} A/cm^2、
4.77×10^{-5} A/cm^2、7.22×10^{-6} A/cm^2 和 1.77×10^{-3} A/cm^2。显然,BNT－
BMT 各薄膜的漏电流密度随 BMT 掺杂浓度的增加先减小后增大,并且 BNT－
0.4BMT薄膜的漏电流密度相比其他组分的薄膜低得多。BNT 基膜材料的高
漏电流与氧空位相关,氧空位的产生来源于热处理过程中 A 位元素 Na 和 Bi
的挥发或者 B 位上 Ti 离子从 Ti^{4+} 到 Ti^{3+} 的价态转变。BMT 加入后薄膜中的
漏电流减小可以归因于以下几点:首先,一般认为 Mg^{2+} 在 B 位上取代 Ti^{4+},之
后更多氧空位将生成以维持电荷中性。然而,随着 Mg^{2+} 掺杂浓度的增加,缺
陷复合物(如 $Mg''_{Ti}-V_O^{··}$)的形成降低了游离氧空位的浓度。其次,由于缺
陷复合物的生成,Ti 离子的变价将会被抑制。与此同时,随着 B 位 Mg^{2+} 掺杂

浓度的增大,易变价的 Ti 离子掺杂浓度降低,从而薄膜中的氧空位进一步减少,漏电流密度降低。漏电流密度小的薄膜具有优异的绝缘性能,有助于提升其击穿场强。此外,人们普遍认为膜状材料中的晶界和空洞缺陷充当载流子通道。具有相对较小晶粒尺寸的薄膜,其晶界比例一定较高,从而漏电流路径将会增多。对于 BNT−0.6BMT 薄膜,薄膜孔隙率较高可能是其漏电流密度增大的原因。

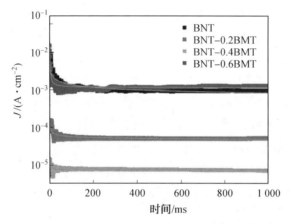

图 6.8　不同 BNT−xBMT 薄膜的漏电流密度

3. BNT−BMT 薄膜的电击穿特性

图 6.9 为不同 BNT−xBMT 薄膜击穿场强的韦伯分布图,从图中计算出 BNT、BNT−0.2BMT、BNT−0.4BMT、BNT−0.6BMT 薄膜样品的击穿场强分别为 1 613 kV/cm、1 874 kV/cm、2 440 kV/cm、1 605 kV/cm。与纯 BNT 薄膜相比,BNT−0.2BMT 和 BNT−0.4BMT 薄膜的击穿场强分别提升了 16.2% 和 51.3%。击穿场强的提升主要是因为这两种薄膜具有较低的漏电流密度。众所周知,高的击穿场强有助于提升薄膜的储能密度,因此可以预测,在 BNT−0.4BMT 薄膜中容易获得较高的储能密度。

6.2.4　BNT−BMT 薄膜的储能特性

1. BNT−BMT 薄膜的极化特性及储能特性

图 6.10(a)展示了不同 BNT−xBMT 薄膜在 1 400 kV/cm 电场条件下的 $P−E$ 回线,测试温度为室温,测试频率为 1 kHz。从图中可以看出所有薄膜均显示出明显的铁电性,并且 BMT 的掺杂浓度对于其电滞回线的形状具有显著的影响。随着 BMT 掺杂浓度的增加,薄膜的最大极化值逐渐减小,这与各薄

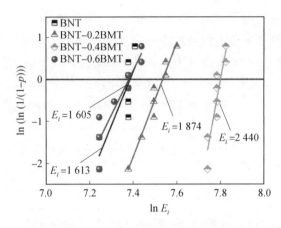

图 6.9　不同 BNT－xBMT 薄膜击穿场强的韦伯分布图

膜介电常数的变化趋势相一致。而且,添加了 BMT 的薄膜具有纤细的电滞回线,其剩余极化值明显减小,表现出明显的弛豫行为,这无疑有利于储能应用。BNT－xBMT 薄膜的极化差值随 BMT 掺杂浓度的增加而逐渐增大,当 BMT 掺杂浓度为 $x=0.4$ 时达到最大,为 36.1 μC/cm^2。BNT－0.6BMT 薄膜具有最小的极化差值(25.1 μC/cm^2),这可能是 BMT 的掺杂浓度超过了 BNT－BMT 的固溶极限生成烧绿石相造成的。为了测量各 BNT－BMT 薄膜的储能特性,测试了各薄膜从 200 kV/cm 到各自 BDS 范围内的 P－E 回线,测试频率为 1 kHz。其中,在各自 BDS 下的 P－E 回线如图 6.10(b)所示。图 6.10(c)和(d)给出了不同 BNT－xBMT 薄膜的储能密度与储能效率随电场的变化规律。随外加场强的升高,BNT－BMT 薄膜的储能密度呈线性增加,而储能效率逐渐减小。加入 BMT 以后,BNT 薄膜的储能特性明显改善,在 BNT－0.4BMT 薄膜中获得了最大的储能密度。该薄膜在 2 440 kV/cm 电场条件下,储能密度达到 40.4 J/cm^3,相较于纯 BNT 薄膜提高了 300%,储能效率为 54.6%,比 BNT 薄膜提高了 180%。对于储能材料而言,除要求拥有高储能密度外,储能性能稳定性的优劣也是评判其是否具备应用潜力的重要因素。因此,接下来研究 BNT－0.4BMT 薄膜的储能性能稳定性。

2. BNT－BMT 薄膜储能特性的稳定性

图 6.11(a)给出了 BNT－0.4BMT 薄膜在 1～5 kHz 频率范围内的 P－E 回线,测试温度为室温,外加场强为 1 200 kV/cm。从图中可以看出,在测试频率范围内的 P－E 回线几乎重合,说明该薄膜具备良好的频率稳定性。根据 P－E 回线计算了 BNT－0.4BMT 薄膜在不同频率下的储能密度和储能效率,

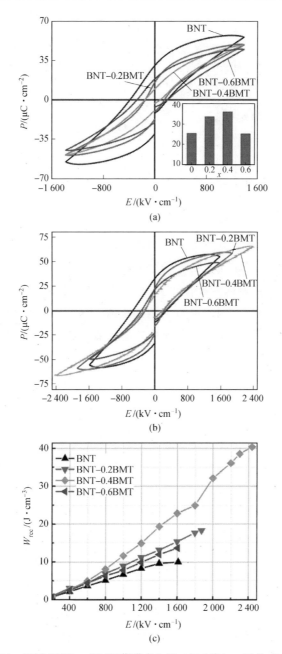

图 6.10　不同 BNT－xBMT 薄膜在(a)1 400 kV/cm 下的 $P-E$ 回线和(b)在各自 BDS 下的 $P-E$ 回线;不同 BNT－xBMT 薄膜的(c)储能密度和(d)储能效率随电场的变化规律

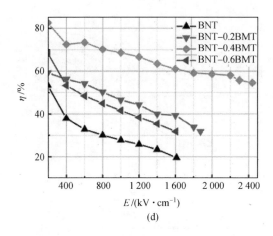

(d)

续图 6.10

其结果如图 6.11(b)所示。当测试频率从 1 kHz 增加至 5 kHz 时,BNT-0.4BMT薄膜相应的储能密度仅在 14.5 J/cm³ 到 14.7 J/cm³ 之间波动,储能效率从 65.5% 增加到 69.9%。以上结果表明,BNT-0.4BMT 薄膜具有优良的频率储能性能稳定性,以该材料制成的电介质储能电容器及相关器件能够在较宽的频率范围内稳定工作。

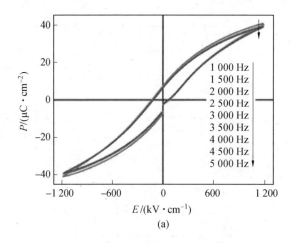

(a)

图 6.11 (a)不同频率下 BNT-0.4BMT 薄膜的 $P-E$ 回线;(b) BNT-0.4BMT薄膜的储能密度和储能效率随频率的变化关系

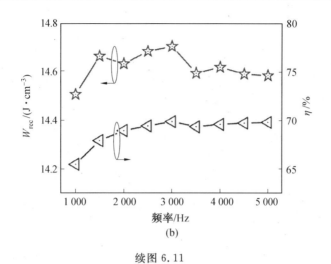

(b)

续图 6.11

图 6.12(a)为不同温度下 BNT－0.4BMT 薄膜的 P－E 回线,外加场强强为 1 200 kV/cm,测试频率为 1 kHz。由图可知,在低温范围内的 P－E 回线没有发生明显的变化,而当温度超过 85 ℃时,其对应电滞回线的最大极化值与剩余极化值轻微升高。其相应的储能密度与储能效率的温度依赖性变化关系如图 6.12(b)所示。从图中可知,随着测试温度的升高,BNT－0.4BMT 薄膜的储能密度与储能效率均出现了一个最高值拐点。温度从 25 ℃升高到 105 ℃时,储能密度与储能效率均在很小的区间内变化。在 25 ℃下储能密度为 14.9 J/cm³,储能效率为 66.6%;当温度升高到 65 ℃时,储能密度与储能效率也分别增大为 15.4 J/cm³ 与 69.2%;当温度继续升高到 105 ℃时,储能密度与储能效率分别降低至 14.9 J/cm³ 与 64.7%,其储能密度的变化率小于 4%。这一测试结果表明 BNT－0.4BMT 薄膜的储能特性具有优良的温度稳定性。

图 6.13(a)为 BNT－0.4BMT 薄膜在经历 1～10⁷ 次极化循环后的 P－E 回线,测试温度为室温,外加场强为 600 kV/cm。从图中可以看出,BNT－0.4BMT薄膜经历 10⁷ 次极化循环后,其电滞回线与初始状态相比仍然变化不大。图 6.13(b)给出了 BNT－0.4BMT 薄膜在经历不同极化循环周期后的储能密度与储能效率。随循环次数增加,薄膜的储能密度和储能效率均略微减小。当循环周期达到 10⁷ 次时,储能密度由初始的 4.77 J/cm³ 降低至 4.4 J/cm³,其变化率小于 8%;储能效率由初始的 73.9%降低至 69.9%,其变化率更是小于 6%。该结果表明 BNT－0.4BMT 薄膜具有较好的抗疲劳特性,能够保证长期稳定的工作。

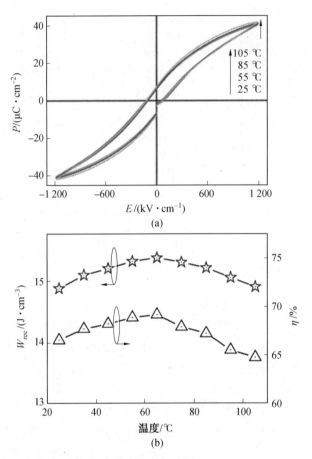

图 6.12　(a)不同温度下 BNT－0.4BMT 薄膜的 $P-E$ 回线；(b)BNT－0.4BMT薄膜的储能密度和储能效率随温度的变化关系

3. BNT－BMT 薄膜的直接充放电测试

以上 BNT 薄膜材料的储能特性均通过电滞回线理论计算获得，为了评估薄膜实际的工作能力，通过脉冲充放电 RLC 电路（外部电阻 200 Ω）研究了 BNT－0.4BMT 薄膜的充放电行为。图 6.14 为 BNT－0.4BMT 薄膜在不同电场下的放电电流曲线。直接测试的脉冲放电电流迅速达到峰值并缓慢下降，随着测试电场的升高，电流峰值也逐渐增加。在测试电场为 300 kV/cm、400 kV/cm、500 kV/cm、600 kV/cm、700 kV/cm 时，BNT－0.4BMT 薄膜的电流峰值分别为 0.125 A、0.145 A、0.147 A、0.162 A、0.221 A。显然，脉冲放电电流峰值随外加场强的增大而增大，这种现象表明脉冲电流对测试电场变化

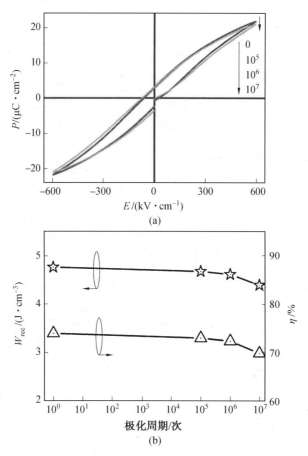

图 6.13　(a)不同极化循环周期下 BNT－0.4BMT 薄膜的 $P-E$ 回线；(b)
BNT－0.4BMT 薄膜的储能密度和储能效率随循环次数的变化关系

十分敏感，在高场强下可以获得极大的放电电流。

图 6.15 给出了 BNT－0.4BMT 薄膜在不同外加场强下的可释放储能密度随时间的变化关系。可以看出，所有放电曲线经过约 2 500 ns 后逐渐趋于平稳，这表明 BNT－0.4BMT 薄膜在较短的时间内便释放了绝大部分所储存的能量。在这里使用 $\tau_{0.9}$ 来描述铁电薄膜释放 90% 总储能所需要的时间(如插图所示)，用以表示铁电薄膜的放电速度。在 300~700 kV/cm 的电场范围内，BNT－0.4BMT 薄膜可释放的总储能密度分别为 1.34 J/cm³、2.17 J/cm³、2.42 J/cm³、2.74 J/cm³、3.4 J/cm³，其 $\tau_{0.9}$ 的大小分别为 804 ns、980 ns、1 090 ns、1 076 ns、820 ns。这一结果表明 BNT－0.4BMT 薄膜中所储存的 90% 的能量可以在 1 100 ns 内得到释放。

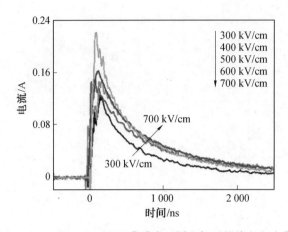

图 6.14　BNT－0.4BMT 薄膜在不同电场下的放电电流曲线

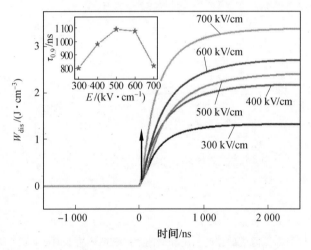

图 6.15　BNT－0.4BMT 薄膜在不同电场下的可释放储能密度随时间的
变化关系,插图为其在各自电场下的 $\tau_{0.9}$ 图

图 6.16 对比了 BNT－0.4BMT 薄膜通过两种不相同的测试方法计算所
得到的储能密度。如图所示,当外加场强为 300 kV/cm、400 kV/cm、500 kV/cm、
600 kV/cm、700 kV/cm 时,BNT－0.4BMT 薄膜通过电滞回线积分所获得的
储能密度(W_{rec})分别为 1.6 J/cm^3、2.72 J/cm^3、3.86 J/cm^3、4.93 J/cm^3、
6.07 J/cm^3,与此同时直接测试的储能密度(W_{dis})为 1.34 J/cm^3、2.17 J/cm^3、
2.42 J/cm^3、2.74 J/cm^3、3.4 J/cm^3。显然,通过两种测试方法得到的 BNT－
0.4BMT薄膜的储能密度之间存在差值,并且随着外加场强的增加差值逐渐增
大。出现这种现象主要是由于两种方法的测试机理不同。$P-E$ 回线是在准

静态电场下测量的,去极化过程可以在毫秒内完成,这样就给电畴的翻转提供了充足的时间,而脉冲法去极化过程所经历的时间为微秒级甚至是纳秒级,材料内部只有部分电畴完成翻转,造成能量的损耗。基于这种原因,脉冲法测量的储能密度要比相应的 $P-E$ 回线得到的储能密度低。通过两种不同的方法计算 BNT－0.4BMT 薄膜的储能密度,这样可以更加合理地反映该薄膜的真实储能情况,相互验证从而得到更加合理的结果。

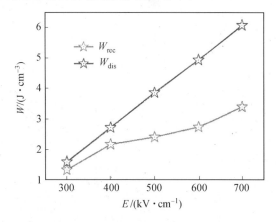

图 6.16　BNT－0.4BMT 薄膜在不同测试方法下获得的储能密度的比较图

6.3　BNT－BNZ 弛豫型铁电薄膜的储能特性

$Bi_{0.5}Na_{0.5}TiO_3$(BNT)是一种典型的钙钛矿 ABO_3 型铁电体,室温时为三方相,展现出较强的铁电性。由于其 A 位 Bi^{3+} 拥有与 Pb^{2+} 类似的 $6s^2$ 孤对电子结构,可产生与铅基材料等同的高极化,被认为是最有希望替代铅基材料的无铅储能材料之一。但是纯的 BNT 薄膜由于其铁电畴之间存在强耦合效应,通常导致较高的能量损耗及明显的滞后行为,剩余极化较高,使其很难获得理想的储能表现。为了解决这一问题,本节提出了一种畴工程的方法来开发具有高储能特性的 BNT 基弛豫型铁电材料,设计并制备了一系列 $(1-x)Bi_{0.5}Na_{0.5}$ $TiO_{3-x}Bi_{0.5}Ni_{0.5}ZrO_3$($x=0$、$0.2$、$0.3$、$0.4$、$0.5$)固溶体薄膜。结果表明,$Bi_{0.5}$ $Ni_{0.5}ZrO_3$(BNZ)的加入可以打破 BNT 基体中长程有序的铁电畴结构,产生短程有序高动态的极性纳米区域(PNRs),从而导致 BNT－BNZ 体系薄膜发生从铁电态向弛豫态的转变(图 6.17)。畴工程诱导的弛豫型铁电态保留了高的极化强度的同时剩余极化显著降低,使 BNT－BNZ 薄膜表现出优异的储能密度和储能效率。

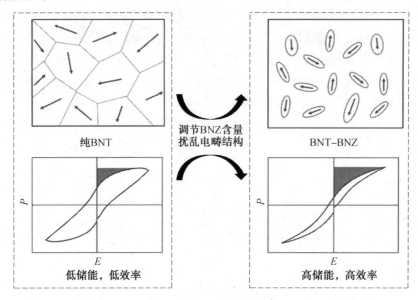

图 6.17　BNZ 加入 BNT 基体后电畴结构和极化性能演变示意图

6.3.1　BNT－BNZ 薄膜的制备及表征

1. 薄膜样品的制备

采用溶胶－凝胶法在 LNO(100)/Pt(111)/TiO_2/SiO_2/Si(100)基底上制备(1－x)$Bi_{0.5}Na_{0.5}TiO_3$－x $BiNi_{0.5}Zr_{0.5}O_3$（简写为 BNT－xBNZ，$x=0$、0.2、0.3、0.4、0.5）铁电薄膜。首先,采用溶胶－凝胶法在洁净的 Pt(111)/TiO_2/SiO_2/Si(100)基底上制备(100)择优取向的 LNO 薄膜作为底电极。然后,制备 BNT－xBNZ 前驱体溶液,先分别制备 BNT 和 BNZ 溶液,然后以化学计量比将两种溶液混合在一起。以硝酸铋、乙酸钠、乙酸镍、正丙醇锆和钛酸四正丁酯为原料;以乙酸和去离子水为溶剂。其中,硝酸铋、乙酸钠过量 10%（摩尔分数）用于补偿退火过程中钠和铋的挥发,且加入适量的聚乙烯吡咯烷酮(PVP)、乙酰丙酮、甲酰胺、乳酸和乙二醇以提高溶液的黏度和稳定性。通过控制乙酸加入量,将 BNT－xBNZ 前驱体溶液的最终浓度调整为 0.5 mol/L。取少量的 BNT－BNZ 胶体滴加在 LNO 底电极上,利用匀胶机涂覆,转速为 3 000 r/min,匀胶时间为 20 s。匀胶完成后,将湿膜置于电热板上 150 ℃加热 3 min。将干燥后的薄膜放至三温区管式炉中进行热处理:410 ℃下保温

10 min,700 ℃下保温 3 min;重复以上过程直至薄膜达到所需厚度;最后一层湿膜旋涂完成后直接放入管式炉中 700 ℃下退火 10 min。最终得到所需的 BNT－BNZ 薄膜。制备工艺流程如图 6.18 所示。

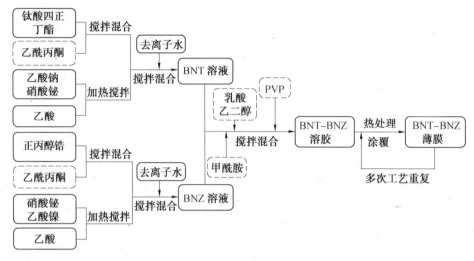

图 6.18　BNT－BNZ 薄膜的制备工艺流程图

2.薄膜的结构及性能表征

用 X 射线衍射仪分析了 BNT－xBNZ 薄膜的晶体结构。用 XploRA 拉曼光谱仪测量了样品的拉曼光谱。通过场发射扫描电子显微镜、原子力显微镜(AFM)和压电力显微镜(PFM)分别观察薄膜的断面、表面形貌和畴结构。为进行电学性能测试,利用小型离子溅射仪在薄膜表面溅射 Au 顶电极(直径为0.2 mm)。采用安捷伦 E4980A LCR 分析仪研究薄膜的介电性能。通过铁电测试系统测试薄膜的电滞回线(P－E 回线)及漏电流特性。根据 P－E 结果计算薄膜的储能特性。通过脉冲充放电 RLC 电路测试薄膜的充放电速度。

6.3.2　BNT－BNZ 薄膜的微观结构

1.薄膜的物相结构

图 6.19(a)为 BNT－xBNZ(x=0、0.2、0.3、0.4、0.5)薄膜在 20°～60°范围内的室温 XRD 谱图。从图中可以看出,当 BNZ 的掺杂浓度 x≤0.4 时,薄膜表现为单一钙钛矿相结构,在测试范围内未观察到明显的第二相,说明 BNZ 已成功地扩散到 BNT 基体中,形成均匀的固溶体。而 BNT－0.5BNZ 薄膜的 XRD 谱图中检测到杂峰,说明 BNZ 的加入量可能超出了 BNT－BNZ 体系的固溶极

限导致杂质相生成。观察到所有BNT－BNZ薄膜在(200)晶面表现为单峰,说明BNT－BNZ薄膜为三方相结构。随着BNZ的增加,(100)、(110)、(200)和(211)衍射峰均向低角度偏移,根据布拉格方程可知,衍射角变小说明晶格常数变大,这与图6.19(b)中晶格常数b随BNZ掺杂浓度增加而变大的规律一致。出现这一现象主要是由于B位被取代的Ti离子的半径比取代离子Ni^{2+}和Zr^{4+}小。(配位数为6,$R_{Ti^{4+}}=0.605$ Å,$R_{Ni^{2+}}=0.69$ Å,$R_{Zr^{4+}}=0.72$ Å)。图6.19(c)为BNT－0.4BNZ薄膜的断面SEM图,可以清楚地看出薄膜表面平整,晶粒均匀且较为致密,LNO底电极与薄膜之间没有明显的扩散现象,它们的厚度分别为200 nm和1 000 nm。

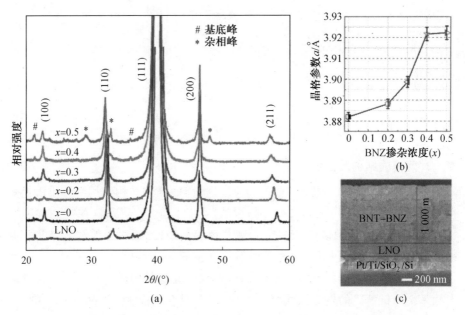

图6.19　(a)BNT－xBNZ薄膜的XRD谱图;(b)晶格参数与BNZ掺杂浓度的关系;(c)BNT－0.4BNZ薄膜的断面SEM图

2. 薄膜的拉曼光谱

为进一步分析薄膜内部局域结构的演变情况,图6.20(a)给出了不同组分BNT－BNZ薄膜的拉曼光谱。从拉曼数据中可以明显检测到四个区域:①低波数120 cm^{-1}附近的振动模式,其与A位阳离子Bi/Na的振动有关;②在200～400 cm^{-1}波数内的振动模式,其与B－O键振动有关;③在400～700 cm^{-1}波数内的振动模式,主要与TiO$_6$八面体的振动有关;④700 cm^{-1}以上的高波数范围主要是A$_1$(LO)和E(LO)振动模式。为了更直观地解释BNZ掺杂浓度对薄膜局域结构的影响,分别对 BNT 和 BNT−0.4BNZ 组分的拉曼光谱图进行了分峰拟合,如图 6.20(b)所示。显然,加入 BNZ 后,B−O 振动对应的特征峰 B 变宽且分裂为两个峰(B_1 和 B_2),这在其他 BNT 基体系中也观察到了类似的现象。由于 B−O 振动与 PNRs 动力学密切相关,这种突变可能归因于该体系发生了从铁电态到弛豫态跃迁。同时,随着 BNZ 掺杂浓度的增加,B−O 振动趋于平坦且发生红移,说明该体系铁电长程有序结构逐渐被破坏,无序度增强。也就是说,随着 BNZ 掺杂浓度的增加,BNT−BNZ 体系的弛豫性不断增强。

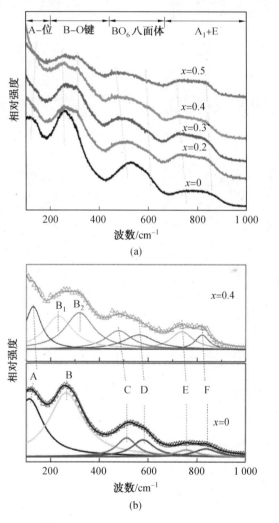

图 6.20　BNT−xBNZ 薄膜的拉曼光谱图

3. 薄膜的表面形貌

图 6.21(a)~(e)为 BNT-xBNZ 薄膜的原子力显微镜（AFM）图像，图 6.21(f)给出了各组分薄膜的平均晶粒尺寸和表面粗糙度。与纯 BNT 薄膜相比，加入 BNZ 以后的膜表面变得更致密平整，表面粗糙度从 17 nm 左右降低到 9 nm 以下。对于 $x=0$~0.4 的样品，平均尺寸为 145~160 nm，BNZ 组分的加

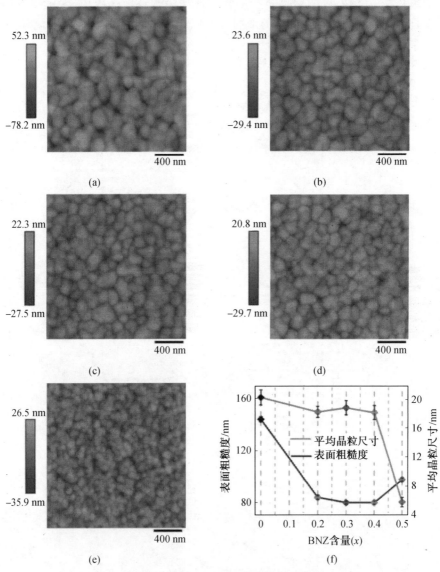

图 6.21　BNT-xBNZ 薄膜的表面形貌

入未对晶粒的生长产生明显影响。而当 $x=0.5$ 时,样品的晶粒尺寸急剧减小,平均晶粒尺寸降至 78 nm 左右,表面粗糙度也轻微增大。这可能是因为 BNZ 的加入超过了溶解度极限,产生的杂质相阻碍了晶粒的生长。

6.3.3　BNT－BNZ 薄膜的介电性能

图 6.22(a)和(b)给出了 1 kHz～1 MHz 范围内 BNT－xBNZ 薄膜的相对介电常数和介电损耗随频率的变化规律。在 100 kHz 下,BNT、BNT－0.2BNZ、BNT－0.3BNZ、BNT－0.4BNZ 和 BNT－0.5BNZ 的介电常数分别为 411、373、348、388 和 276。可以看出,与纯 BNT 相比,加入 BNZ 后薄膜的

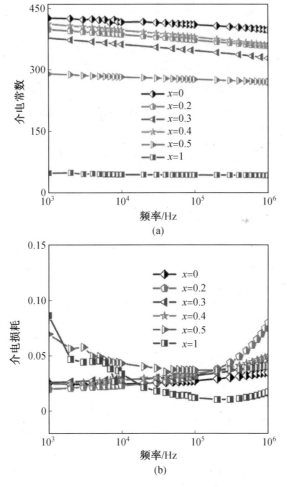

图 6.22　BNT－xBNZ 薄膜的介电频谱图

介电常数均有所降低,这可能是由于 BNZ 介电常数较低($\varepsilon_r = 44$)。而且 BNT－0.5BNZ薄膜的介电常数较其他组分明显下降,这可能与晶粒尺寸的大幅度减小及杂质相的产生有关。所有组分的薄膜显示出较低的介电损耗,均小于0.08。

  图 6.23(a)为 100 kHz 下 BNT－xBNZ 薄膜的介电常数随电场的变化关系。可以看出介电常数随电场的增加而降低,表现出非线性。而且随着 BNZ 掺杂浓度的增加,体系的非线性程度逐渐减弱。图 6.23(b)给出了BNT－xBNZ薄膜的介电常数的变化率随电场的变化情况,计算公式如下:

$$变化率 = \frac{\varepsilon_r(E) - \varepsilon_r(0)}{\varepsilon_r(0)} \qquad (6.2)$$

式中,$\varepsilon_r(0)$ 和 $\varepsilon_r(E)$ 分别为薄膜在电场为 0 和 E 时的介电常数。当电场为380 kV/cm时,$x = 0$、0.2、0.3、0.4 和 0.5 薄膜的介电常数变化率分别为0.326、0.203、0.159、0.115 和 0.084。显然,随着 BNZ 掺杂浓度的增加,介电常数的变化率逐渐降低,非线性程度减弱。而非线性通常是由电畴的耦合作用引起的,说明随着 BNZ 的加入,BNT－BNZ 薄膜畴结构由强耦合的铁电畴向弱耦合的 PNRs 过渡,预示了弛豫性增强。此外,图 6.24 对比了 BNT 和BNT－0.4BNZ 薄膜的介电常数随温度的变化关系,从图中可以明显看出BNT－0.4BNZ 薄膜的介电峰与纯的 BNT 相比明显宽化,进一步证实了 BNZ的加入增强了 BNT－BNZ 薄膜的弛豫特性。

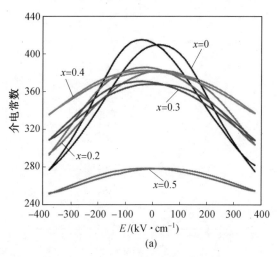

图 6.23 BNT－xBNZ 薄膜的介电偏压图

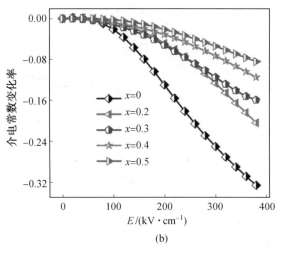

(b)

续图 6.23

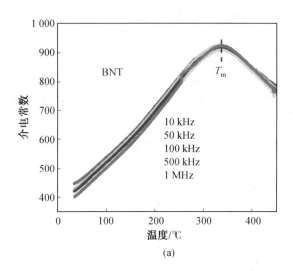

(a)

图 6.24　(a)BNT 和(b)BNT－0.4BNZ 薄膜的介电温谱图

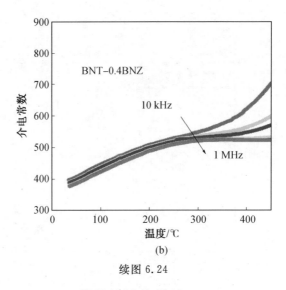

(b)

续图 6.24

6.3.4　BNT－BNZ 薄膜的储能特性

1. BNT－BNZ 薄膜的极化行为

图 6.25(a)~(e)为室温下 BNT－xBNZ 薄膜在 200~2 200 kV/cm 电场条件下的电滞回线,测试频率为 1 kHz。从图中可以看出,纯 BNT 薄膜呈现出具有明显铁电体特征的电滞回线,具有较大的剩余极化和矫顽场。如在 2 200 kV/cm 电场作用下时,剩余极化强度为 29.7 $\mu C/cm^2$,矫顽场为 485.6 kV/cm。随着 BNZ 的加入,剩余极化和矫顽场明显减小,电滞回线变细长,进一步证实 BNZ 的加入增强了 BNT－xBNZ 体系的弛豫特性。图 6.25(f)为 BNT－xBNZ 薄膜在 2 200 kV/cm 下的最大极化(P_{max})、剩余极化(P_r)和($P_{max}-P_r$)。可以直观地看出,随着 BNZ 掺杂浓度(x)的增加,P_r 值逐渐降低,P_{max} 值先缓慢升高后降低。P_r 的减小是由于 BNZ 加入到 BNT 中,不同尺寸和价态的离子随机分布使得内部产生局域自由电场,破坏了长程有序的铁电畴结构生成 PNRs。而 P_{max} 的变化趋势可能是应力造成的。从 XRD 分析结果得知,由于 Ni^{2+} 和 Zr^{4+} 的离子半径大于 Ti^{4+},BNZ 的加入使晶面间距增大。Ni^{2+} 和 Zr^{4+} 掺杂的晶胞会受到相邻未被掺杂的晶胞的压应力。而压应力会使吉布斯自由能平坦化,使得电畴翻转的势垒降低,从而 P_{max} 值增大。P_{max} 值降低可能是由于随着 BNZ 掺杂浓度的升高,外加场强不足以克服局域自由电场。另外,BNT－0.5BNZ薄膜 P_{max} 值的急剧下降可能和生成的杂质相及晶粒的减小也有一定的关联。从图中得知,当 $x=0.4$ 时,$P_{max}-P_r$ 达到最大值65.6 $\mu C/cm^2$,这预示

了 BNT－0.4BNZ 弛豫铁电薄膜的储能特性最为优异。

2. BNT－BNZ 薄膜的储能特性

图 6.26 为 BNT－xBNZ 薄膜在不同场强下的储能密度和储能效率。可以看出，随着外加场的增大，W_{rec} 值不断增大，η 值则呈相反趋势。纯 BNT 薄膜的储能特性较差，在 2 200 kV/cm 电场下的 W_{rec} 和 η 分别为 24.2 J/cm³ 和 26.3%。加入 BNZ 的薄膜的 W_{rec} 和 η 都远高于纯 BNT 薄膜。尤其 BNT－0.4BNZ薄膜在 2 200 kV/cm 电场下 W_{rec} 高达 50.1 J/cm³，η 也能保持在较高水平达到 63.9%，与纯 BNT 薄膜相比，W_{rec} 和 η 分别提高了 107% 和 143%。

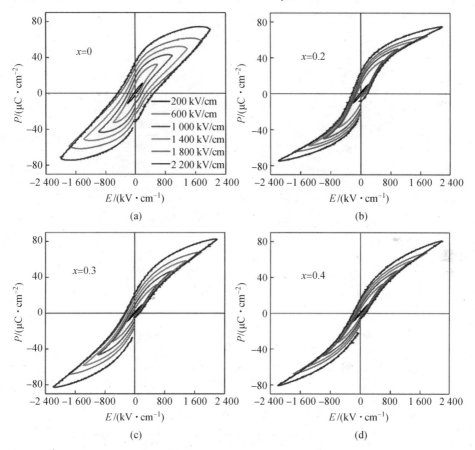

图 6.25　(a)～(e)BNT－xBNZ 薄膜不同电场条件下的室温 P－E 回线；(f)BNT－xBNZ 薄膜在 2 200 kV/cm 电场下的 P_{max}、P_r 和 P_{max}－P_r 值

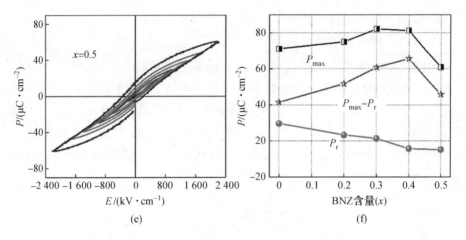

(e)   (f)

续图 6.25

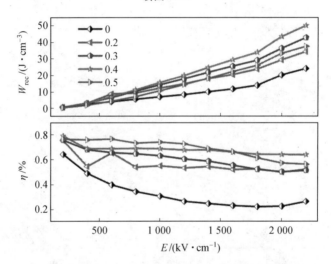

图 6.26　BNT－xBNZ 薄膜储能特性随电场的变化规律

3. BNT－BNZ 薄膜的储能特性增强机制

介电材料释放的能量主要来自三个部分：电导 D_1、介电电容 D_2 和畴的翻转极化 P。为了弄清楚能量的来源，分别对 BNT 薄膜和 BNT－0.4BNZ 薄膜进行了电流－电场(J－E)回线测试（测试电场为 1 200 kV/cm)，并通过分离 D_1、D_2 和 P 获得了每个分量的相对贡献，结果如图 6.27 所示。图中阴影区域代表 D_1 和 D_2 的总贡献，剩余区域则为 P 的贡献。显然，P 的面积远大于 D_1 和 D_2 的总面积，表明 BNT 薄膜和 BNT－0.4BNZ 薄膜释放的能量主要来源于电畴的翻转极化。与 BNT 薄膜相比，BNT－0.4BNZ 薄膜的电流峰明显变宽,P 的面积明显增大,而阴影区域面积变化不明显。因此,BNT－NZ 薄膜储能特性的增强必然与畴结构的变化密切相关。

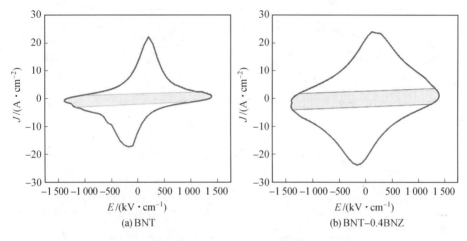

图 6.27　BNT 和 BNT－0.4BNZ 薄膜的 $J-E$ 回线

　　基于此,在矢量单频模式下对不同组分的 BNT－xBNZ 薄膜畴结构进行测试分析。图 6.28(a)～(e)为 2 μm×2 μm 区域内获得的面外压电力显微镜(PFM)图像,不同的颜色代表不同的相位方向。图 6.28(f)给出了从 $x=0$ 和 $x=0.4$ 的样本表面通过线扫描收集到的高度和相位信号,相位和高度之间的不同趋势说明了畴结构的真实性。可以看出,纯 BNT 薄膜(图 6.28(a))呈现迷宫状清晰的电畴结构,显示长程有序的铁电状态。随着 BNZ 掺杂浓度的增加,畴尺寸逐渐变小,畴数量增多,进而形成极性纳米微区(PNRs)。当 BNZ 掺杂浓度增加到 $x=0.4$ 时,如图 6.28(d)所示,几乎观察不到连续的大尺寸铁电畴。PNRs 是弛豫型铁电体的重要结构特征,从畴结构的演化过程可以直观地看出,BNZ 的加入使 BNT－BNZ 体系发生了从铁电态向弛豫态的转变。这是由于 BNZ 的加入造成局域晶格畸变和电荷波动分布,导致内部产生局域随机电场,该电场会钉扎或扭曲畴壁,从而促进 PNRs 形成。随着 BNZ 掺杂浓度的增加,局部电场增强,进而形成更多的 PNRs。结果,具有较高 BNZ 掺杂浓度的薄膜显示出更加明显的弛豫特性。

　　图 6.29 给出了 BNT－xBNZ 体系内畴结构的演变对薄膜储能特性影响的示意图。如图 6.29(a)所示,纯 BNT 薄膜内部存在长程有序的铁电畴,方向随机分布,净宏观极化为零。当施加外加场强(充电)时,这些铁电畴沿电场方向翻转排列,储存电能。去除电场(放电)后,由于相邻畴壁间的夹紧效应,畴的

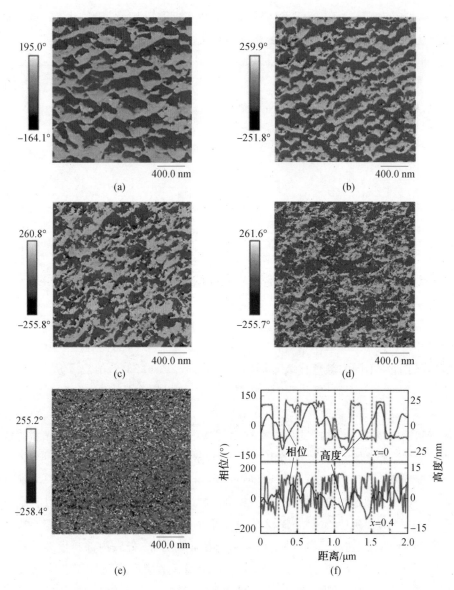

图 6.28　BNT－xBNZ 薄膜的 PFM 面外相位图

翻转和畴的移动会消耗较多的能量并以热能的形式散失掉,畴无法恢复到初始状态,只有小部分能量被释放出来,剩余部分以剩余极化的形式存在而无法释放,导致储能密度低和储能效率较低。对于添加 BNZ 的薄膜而言,如图6.29(b)所示,内部多为弱耦合的 PNRs。由于 PNRs 的特征尺寸较小,其对外电场的响应要比大铁电畴灵敏得多。它们在外加场强作用下克服局域自由电场而转化为长程铁电态,去除外电场后又恢复到初始状态,几乎所有的储存电荷都能被释放出来。因此,与纯 BNT 薄膜相比,BNT－BNZ 弛豫型铁电薄膜展现出更高的储能密度和储能效率。

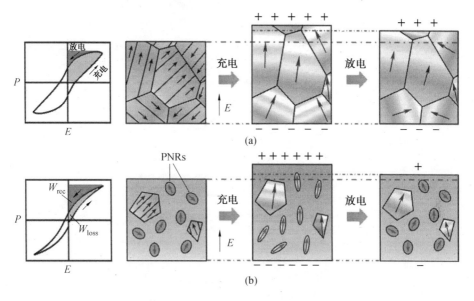

图 6.29　BNT－xBNZ 体系内畴结构的演变对薄膜储能特性影响的示意图

4. BNT－BNZ 薄膜储能特性稳定性测试

综上可知,BNT－0.4BNZ 弛豫型铁电薄膜具有良好的储能特性,为了评估该薄膜的实际应用潜力,进一步考察了其在不同温度、频率和循环疲劳周期下的储能特性。良好的热稳定性是介电电容器能够在较宽温度范围内稳定运行的保证,图 6.30(a)给出了 BNT－0.4BNZ 薄膜在 800 kV/cm 电场作用下,从室温到 145 ℃的电滞回线。图 6.30(b)显示了 P_{max}、P_r 和 $P_{max}－P_r$ 随温度的变化关系。当温度升高时,内部热波动加剧,畴壁的翻转增强,从而使 P_{max} 增大。同时 PNRs 的动力学增强,导致 P_r 降低。结果,极化差值 $P_{max}－P_r$ 在 25～85 ℃的温度范围内从 33.4 $\mu C/cm^2$ 增加到 34.5 $\mu C/cm^2$。如图 6.30(c)所示,W_{rec} 从 10.8 J/cm^3 提高至 11.1 J/cm^3,η 从 70.5％增加至 73.3％。当温度进一步升高时,P_r 逐渐升高,致使在 85～145 ℃的温度范围内,$P_{max}－P_r$ 值从 34.5 $\mu C/cm^2$ 降至 33.9 $\mu C/cm^2$,相应的 W_{rec} 和 η 分别降至 10.8 J/cm^3 和 68.7％。从图 6.30(d)可以推断,这种现象可能是较高温度下漏电流增加所致。然而,在测试温度范围内,电滞回线的整体变化很小,储能密度和储能效率也波动不大,表明 BNT－0.4BNZ 薄膜具有优异的热稳定性。

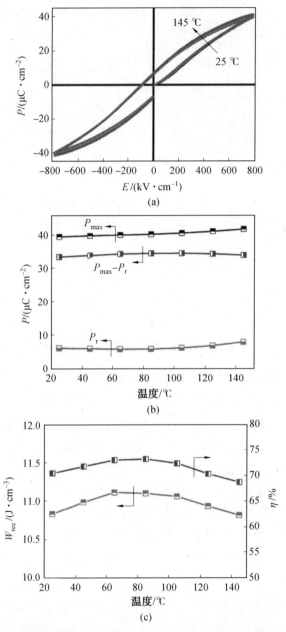

图 6.30 (a)不同温度下 BNT－0.4BNZ 薄膜的 $P-E$ 回线;(b)P_{max}、P_r 及 $P_{max}-$ P_r随温度的变化关系;(c)不同温度下 BNT－0.4BNZ 薄膜的储能密度和储能效率;(d)不同温度下的漏电流密度

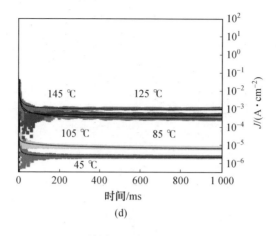

(d)

续图 6.30

图 6.31(a)显示了 BNT－0.4BNZ 薄膜在室温和 1 200 kV/cm 电场作用下及 500 Hz～5 kHz 频率范围内的电滞回线。在该频率范围内,电滞回线几乎重合。图 6.31(b)给出了 BNT－0.4BNZ 薄膜在不同频率下的储能密度和储能效率。可以看出 W_{rec} 仅从 20.2 J/cm³ 降低到 20 J/cm³,η 有轻微增加,从 63.3%升高到 65.6%。显然,BNT－0.4BNZ 薄膜具有良好的频率稳定性。此外,介电电容器还必须具有较强的耐疲劳性,才能保证长的使用寿命和充放电稳定性。

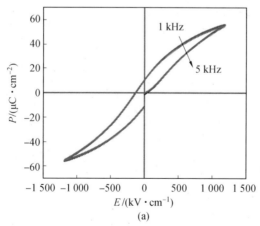

(a)

图 6.31　(a)不同频率下 BNT－0.4BNZ 薄膜的 $P－E$ 回线;(b)BNT－0.4BNZ 薄膜的储能密度和储能效率随频率的变化关系

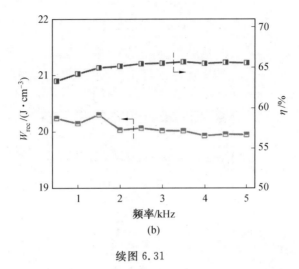

(b)

续图 6.31

　　图 6.32(a)显示了 BNT－0.4BNZ 薄膜在 400 kV/cm 电场作用下经历
$6×10^7$ 次充放电循环前后的电滞回线,测试温度为室温,测试频率为 1 kHz。
图 6.32(b)给出了 BNT－0.4BNZ 薄膜不同极化循环周期后的储能密度和储
能效率,从图中可以发现,经历 $6×10^7$ 次充放电循环后薄膜的储能特性几乎没
有劣化,W_{rec} 仅从 3.1 J/cm³ 降低到 2.9 J/cm³,η 仅从 68.9% 降低到 66.8%。
实验结果表明,BNT－0.4BNZ 薄膜具有较高的耐疲劳韧性。

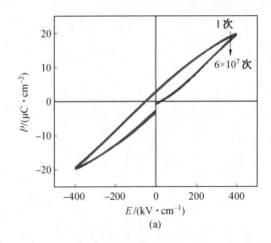

(a)

图 6.32　(a)BNT－0.4BNZ 薄膜经历不同极化循环前后的 $P-E$ 回线;
(b)BNT－0.4BNZ 薄膜的储能密度和储能效率随极化循环周期的变化关系

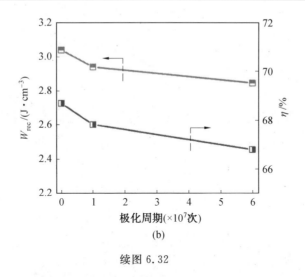

(b)

续图 6.32

5. BNT－BNZ 薄膜的直接充放电测试

为了评估薄膜实际的工作能力,通过脉冲充放电 RLC 电路(外部电阻 200 Ω)研究了 BNT－0.4BNZ 薄膜的充放电行为。图 6.33(a)为 400 kV/cm 电场条件下的放电电流曲线,计算的放电能量密度 W_{dis} 结果如图 6.33(b)所示。由于两种方法的测试机理不同,W_{dis}(2.4 J/cm³)略低于 W_{rec}(3.0 J/cm³),

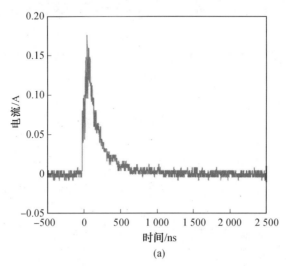

(a)

图 6.33　BNT－0.4BNZ 薄膜在 400 kV/cm 电场下的
(a)放电电流曲线和(b)能量密度曲线

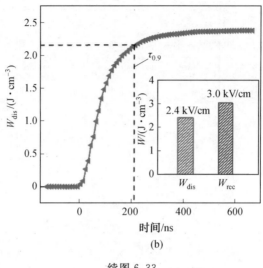

(b)

续图 6.33

类似的现象也出现在其含铅和无铅体系中。BNT－0.4BNZ 薄膜在 400 kV/cm 电场作用下的 $\tau_{0.9}$ 仅为 210 ns,表明该薄膜具备较为理想的放电速度,非常适用于高脉冲能量储存器的应用。

6.4 本章小结

本章通过向 BNT 基体中加入 BMT 和 BNZ 成功诱导出弛豫行为,显著提高了该体系薄膜的储能特性。主要结论如下:

(1)BMT 加入到 BNT 基体中,半径较大的 Mg 离子替代 B 位半径较小的 Ti 离子,导致体系的容忍因子减小,使得 BNT 薄膜发生了铁电态向弛豫型铁电态的转变,剩余极化显著降低。另外,Mg 离子的加入减少了易变价的 Ti 离子掺杂浓度,而且形成的 $Mg''Ti-Vo^{..}$ 等缺陷复合物也有利于抑制 Ti 离子的变价,从而有效降低了薄膜中氧空位的浓度,降低了漏电流密度,使得薄膜的击穿场强获得极大的提高。

(2)BNT－0.4BMT 弛豫型铁电薄膜由于具有最高的击穿场强(2 440 kV/cm)和最大的 $P_{max}-P_r$ 值,获得了该体系最高的储能密度,达到 40.4 J/cm³。同时,该储能薄膜能在较宽的温度范围(25 ～ 105 ℃)、频率范围(500 Hz ～ 5 kHz)和多次极化循环(10^7 次)内稳定工作,表现出良好的温度稳定性。BNT－0.4BMT薄膜中总储能密度的 90% 可以在 1 100 ns 内释放,表明该薄膜具有很快的放电速度。而且,脉冲放电电流测试显示该薄膜具有较快的放电速度,可在 1 100 ns 内完成 90％的储能释放。

(3)通过在 BNT 基体中加入 BNZ,打乱了长程有序的铁电畴结构形成极性纳米微区(PNRs),实现铁电态向弛豫态的转变。PNRs 由于特征尺寸较小,对外电场的反应更加灵敏。宏观上,可逆的畴转动导致薄膜展现出"苗条"的电滞回线,P_r 明显降低,BNT－BNZ 薄膜的储能特性得到显著加强。尤其是 BNT－0.4BNZ 薄膜,其在 2 200 kV/cm 电场作用下获得的储能密度达到 50.1 J/cm³,储能效率为 63.9％,与纯的 BNT 薄膜相比,其储能密度和储能效率分别提高了 107％和 143％。

(4)BNT－0.4BNZ 弛豫型铁电薄膜具有良好的温度(25～145 ℃)和频率(500 Hz ～5 kHz)稳定性,且具有较强的抗疲劳特性,承受 6×10^7 次极化循环后仍能保持稳定的储能特性。同时,BNT－0.4BNZ 薄膜展现出极快的放电速度,所储存 90％的能量可以在 210 ns 时间内瞬间释放。以上结果表明 BNT－0.4BNZ 弛豫型铁电薄膜在储能电容器领域具有良好的应用前景。

参 考 文 献

[1] CHEN P, LI P, ZHAI J, et al. Enhanced dielectric and energy-storage properties in $BiFeO_3$-modified $Bi_{0.5}$($Na_{0.8}$ $K_{0.2}$)$_{0.5}$ TiO_3 thin films[J]. Ceramics International,2017,43(16):406-413.

[2] CHEN P, CHU B. Improvement of dielectric and energy storage properties in Bi($Mg_{1/2}$ $Ti_{1/2}$) O_3-modified ($Na_{1/2}$ $Bi_{1/2}$)$_{0.92}$ $Ba_{0.08}$ TiO_3 ceramics[J]. Journal of the European Ceramic Society,2016,36(1):81-88.

[3] XIE Z, YUE Z, RUEHL G, et al. Bi($Ni_{1/2}$$Zr_{1/2}$)$O_3$－$PbTiO_3$ relaxor-ferroelectric films for piezoelectric energy harvesting and electrostatic storage[J]. Applied Physics Letters,2014,104(24):243902.

[4] ZHANG L, HAO X, ZHANG L. Enhanced energy-storage performances of Bi_2O_3－Li_2O added $(1-x)$($Na_{0.5}$$Bi_{0.5}$)$TiO_3$－$x BaTiO_3$ thick films[J]. Ceramics International,2014,40(6):8847-8851.

[5] XIE Z, PENG B, ZHANG J, et al. Effects of thermal anneal temperature on electrical properties and energy-storage density of Bi($Ni_{1/2}$$Ti_{1/2}$)$O_3$－

PbTiO₃, thin films[J]. Ceramics International, 2015, 41:206-212.

[6] YAO Y, Li Y, SUN N, et al. Enhanced dielectric and energy-storage properties in ZnO-doped 0. 9（0. 94Na₀.₅ Bi₀.₅ TiO₃ — 0. 06BaTiO₃）— 0. 1NaNbO₃ ceramics[J]. Journal of Alloys and Compounds, 2018, 44: 5961-5966.

[7] LV P, YANG C, GENG F, et al. Effect of defect dipole-induced aging on the dielectric property of Fe³⁺-doped Na₀.₅ Bi₀.₅ TiO₃, thin film[J]. Ceramics International, 2016, 42(2):2876-2881.

[8] WALENZALSABE J, GIBBON B. Leakage current phenomena in Mn-doped Bi（Na, K）TiO₃-based ferroelectric thin films[J]. Journal of Applied Physics, 2016, 120(8):084102.

[9] SUN J, YANG C, SONG J, et al. The microstructure, ferroelectric and dielectric behaviors of Na₀.₅ Bi₀.₅（Ti, Fe）O₃, thin films synthesized by chemical solution deposition: effect of precursor solution concentration [J]. Ceramics International, 2016, 43(2):2033-2038.

[10] LI F, YANG K, LIU X, et al. Temperature induced high charge-discharge performances in lead-free Bi₀.₅ Na₀.₅ TiO₃-based ergodic relaxor ferroelectric ceramics[J]. Ferroelectric Ceramics, 2017,141:15-19.

[11] LI M, PIETROWSKI M J, ROGER A D S, et al. A family of oxide ion conductors based on the ferroelectric perovskite Na₀.₅ Bi₀.₅ TiO₃ [J]. Nature Materials, 2014, 13(1):31-35.

[12] KRAUSS W, DENIS S, MAUTNER F A, et al. Piezoelectric properties and phase transition temperatures of the solid solution of（1 — x）Bi₀.₅ Na₀.₅ TiO₃ — xSrTiO₃ [J]. Journal of the European Ceramic Society, 2010, 30(8):1827-1832.

[13] ZHAI J W, LIU C Z, Li X L, et al. Switching of morphotropic phase boundary and large strain response in lead-free ternary Bi₀.₅ Na₀.₅ TiO₃-（K₀.₅ Bi₀.₅）TiO₃-（K₀.₅ Na₀.₅）NbO₃ system [J]. Journal of Applied Physics, 2013, 113(11): 1-13.

[14] SLODCZYK A, COLOMBAN P. Probing the nanodomain origin and phase transition mechanisms in（Un）poled PMN-PT single crystals and textured ceramics[J]. Materials, 2010, 3(12): 5007-5028.

[15] ZANNEN M, KHEMAKHEM H, KABADOU A, et al. Structural, Raman and electrical studies of 2 at. % Dy-doped BNT[J]. Journal of Alloys & Compounds, 2013, 555:56-61.

[16] SUN Y B, ZHAO Y Y, XU J W, et al. Phase transition, large strain and energy storage in ferroelectric $Bi_{0.5}Na_{0.5}TiO_3$-$BaTiO_3$ ceramics tailored by $(Mg_{1/3}Nb_{2/3})^{4+}$ complex Ions[J]. Journal of Electronic Materials, 2019, 49(2): 1131-1141.

[17] WANG K, JUN O Y, MANFRED W, et al. Superparaelectric $(Ba_{0.95}, Sr_{0.05})(Zr_{0.2}, Ti_{0.8})O_3$ ultracapacitors[J]. Advanced Energy Materials, 2020. 10(37):1-6.

[18] SCHUETZ D, DELUCA M, KRAUSS W, et al. Lone-pair-induced covalency as the cause of temperature- and field-induced instabilities in bismuth sodium titanate[J]. Advanced Functional Materials, 2012, 22 (11):2285-2294.

[19] FU J, ZUO R Z. Giant electrostrains accompanying the evolution of a relaxor behavior in $Bi(Mg, Ti)O_3$-$PbZrO_3$-$PbTiO_3$ ferroelectric ceramics [J]. Acta Materialia, 2013, 61(10): 3687-3694.

[20] SHI L, ZHANG B P, LIAO Q W, et al. Piezoelectric properties of Fe_2O_3 doped $BiYbO_3$-$Pb(Zr, Ti)O_3$ high curie temperature ceramics[J]. Ceramics International, 2014, 40(8): 11485-11491.

[21] ZHENG M P, HOU Y D, XIE F Y, et al. Effect of valence state and incorporation site of cobalt dopants on the microstructure and electrical properties of 0. 2PZN-0. 8PZT ceramics[J]. Acta Materialia, 2013, 61 (5):1489-1498.

[22] WU L W, LI L T, WANG X W, et al. Lead-free $BaTiO_3$-$Bi(Zn_{2/3}Nb_{1/3})O_3$ weakly coupled relaxor ferroelectric materials for energy storage[J]. 2016,6(17):14273-14282.

[23] ZHANG Y L, LI W L, CAO W P, et al. Mn doping to enhance energy storage performance of lead-free 0. 7BNT-0. 3ST thin films with weak oxygen vacancies[J]. Applied Physics Letters, 2017, 110(24):1-8.

[24] LI F, ZHAI J W, SHEN B, et al. Influence of structural evolution on energy storage properties in $Bi_{0.5}Na_{0.5}TiO_3$-$SrTiO_3$-$NaNbO_3$ lead-free

ferroelectric ceramics[J]. Compendex, 2017, 121(5):1-8.

[25] EMERY B, MA C R, JAGARAN A, et al. Controlling dielectric and relaxor-ferroelectric properties for energy storage by tuning $Pb_{0.92}La_{0.08}Zr_{0.52}Ti_{0.48}O_3$ film thickness[J]. ACS Applied Materials & Interfaces, 2014,6(24): 22417-22422.

[26] LI Y, SUN N N, LI X W, et al. Multiple electrical response and enhanced energy storage induced by unusual coexistent-phase structure in relaxor ferroelectric ceramics [J]. Acta Materialia, 2018, 146: 202-210.

[27] WU J Y, MAHAJAN A, RIEKEHR L, et al. Perovskite $Sr_x(Bi_{1-x}Na_{0.97-x}Li_{0.03})_{0.5}TiO_3$ ceramics with polar nano regions for high power energy storage[J]. Nano Energy, 2018, 50:723-732.

[28] SHVARTSMAN V V, KLEEMANN W, UKASIEWICZ T, et al. Nanopolar structure in $Sr_xBa_{1-x}Nb_2O_6$ single crystals tuned by Sr/Ba ratio and investigated by piezoelectric force microscopy[J]. Phys. rev. b, 2008, 77(5):1-6.

[29] ALEXEI A B, YE Z G, LANG S, et al. Recent progress in relaxor ferroelectrics with perovskite structure[M]. Kluwer Academic Publishers, 2006,41(1):31-52.

[30] LI J, LI F, ZHANG S J, et al. Decoding the fingerprint of ferroelectric loops: comprehension of the material properties and structures[J]. Journal of the American Ceramic Society, 2014, 97(1): 1-27.

[31] XU R, XU Z, FENG Y J, et al. Energy storage and release properties of Sr-doped (Pb,La)(Zr,Sn,Ti)O_3 antiferroelectric ceramics[J]. Ceramics International, 2016:12875-12879.

第7章 多重极性结构协同效应激励 BNT 基无铅铁电薄膜的储能特性

7.1 概 述

介电材料高的储能密度（W_{rec}）主要依赖于大的极化差值（$\Delta P = P_{max} - P_r$）和高的电击穿场强（BDS），如图 7.1 所示。迄今为止，更多的研究主要集中在提高 BDS 来增加 W_{rec}（如图 7.1 中方案 1 所示）。尽管确实可以通过极大地提高 BDS 获得令人振奋的 W_{rec}，但它们通常忽略了其他与储能电容器相匹配的组件是否能够承受如此高的场强。另外，高的场强将对支撑绝缘系统和电力系统的要求更为严格。更关键的是，在较高电场下电介质击穿的风险增加，这不可避免地引起了一些安全隐患。因此，如何在低电场下将 ΔP 最大化以实现高 W_{rec}（如图 7.1 中方案 2 所示）是更加行之有效的方法。

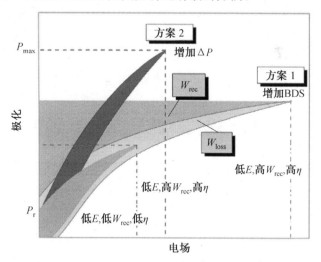

图 7.1 改善电介质储能特性的不同方法

电介质材料的电能储存本质上取决于极性结构对外部电场的极化响应。晶格作为最本征的极性结构，其离子位移决定了偶极矩的大小，是极化行为的基础。铁电体中的铁电畴作为强极性结构,可以通过电场驱动翻转,引起大的 P_{max} 和总储存能量密度(W_{st})。弛豫铁电体中的极性纳米区域(PNRs)作为弱极性结构,对外界电场的反应更为敏感,通常导致较小的 P_r 和能量损失($W_{loss} = W_{st} - W_{rec}$)。设想,如果可以在同一个材料中实现多种极性结构的协同作用,那么有望在低电场下获得较大的 ΔP,实现高的 W_{rec}。基于此设想,本章将 $BiZn_{0.5}Zr_{0.5}O_3$(BZZ)加入 $Bi_{0.5}Na_{0.5}TiO_3$(BNT)基体中,引起晶格中八面体 $[TiO_6]$ 的畸变,通过组分调控实现对畴的有效裁剪,建立了铁电畴与 PNRs 共存的畴结构,达到优化 BNT 薄膜储能特性的目的,设计思路如图 7.2 所示。系统研究了微观结构和性能之间的影响规律,揭示了储能特性增强机制。

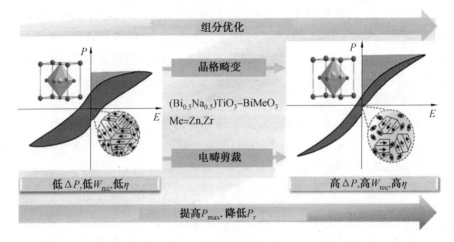

图 7.2　铁电材料实现低电场高储能密度设计思路

7.2　BNT－BZZ 薄膜的制备及性能表征

7.2.1　薄膜的结构及性能表征

采用溶胶－凝胶法在 LNO(100)/Pt(111)/TiO_2/SiO_2/Si(100)基底上制备(1－x)$Bi_{0.5}Na_{0.5}TiO_3$－$x$$BiZn_{0.5}Zr_{0.5}O_3$(简写为 BNT－$x$BZZ,$x$ = 0、0.4、0.5 和 0.6)。首先,采用溶胶－凝胶法在洁净的 Pt(111)/TiO_2/SiO_2/Si(100)基底上制备(100)择优取向的 LNO 薄膜作为底电极。然后,制备 BNT－xBZZ 前驱体溶液。先分别制备 BNT 和 BZZ 溶液,再以化学计量比将两种溶液混合。以硝酸铋、乙酸钠、乙酸锌、正丙醇锆和钛酸四正丁酯为原料;以乙酸和去

离子水为溶剂。其中,硝酸铋、乙酸钠过量 10％(摩尔分数)用于补偿退火过程中钠和铋的挥发,且加入适量的聚乙烯吡咯烷酮(PVP)、乙酰丙酮、甲酰胺、乳酸和乙二醇以提高溶液的黏度和稳定性。通过控制乙酸加入量,将 BNT－xBNZ 前驱体溶液的最终浓度调整为 0.5 mol/L。取少量的 BNT－BZZ 胶体滴加在 LNO 底电极上,利用匀胶机涂覆,转速为 3 000 r/min,匀胶时间为 20 s。匀胶完成后,将湿膜置于电热板上 150 ℃加热 3 min。将干燥后的薄膜放至三温区管式炉中进行热处理:410 ℃下保温 10 min,700 ℃下保温 3 min;重复以上过程直至薄膜达到所需厚度;最后一层湿膜旋涂完成后直接放入管式炉中 700 ℃下退火 10 min。最终得到所需的 BNT－BZZ 薄膜。制备工艺流程如图 7.3 所示。

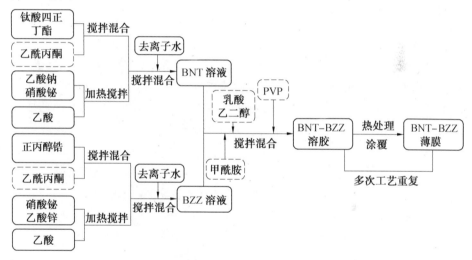

图 7.3　BNT－BZZ 薄膜的制备工艺流程图

7.2.2　薄膜的结构及性能表征

用 X 射线衍射仪分析 BNT－xBNZ 薄膜的晶体结构。用 XploRA 拉曼光谱仪测量样品的拉曼光谱。通过场发射扫描电子显微镜、原子力显微镜(AFM)和压电力显微镜(PFM)分别观察薄膜的断面、表面形貌和畴结构。为进行电学性能测试,利用小型离子溅射仪在薄膜表面溅射 Au 顶电极(直径为 0.2 mm)。采用安捷伦 E4980A LCR 分析仪研究薄膜的介电性能。通过铁电测试系统测试薄膜的 P－E 回线及漏电流特性。根据 P－E 结果计算薄膜的储能特性。

7.3 BNT－BZZ 薄膜的微观结构

7.3.1 BNT－BZZ 薄膜的物相结构

图 7.4 为 BNT－xBZZ（$x=0$、0.4、0.5、0.6）薄膜的 XRD 衍射谱图，可以看出不同 BZZ 掺杂浓度的薄膜均为钙钛矿结构。除 $x=0.6$ 的薄膜外，其他组分未发现明显的杂相峰，这说明 BZZ 已经完全固溶到 BNT 基体中。在 46°～47°附近，除 LNO(200)特征峰外，未观察到 BNT－xBZZ 薄膜(200)分裂峰，表明该体系薄膜在室温下为三方相结构。此外，可以看到随着 BZZ 掺杂浓度的逐渐增加，薄膜的(100)、(110)、(200)和(211)衍射峰均展现出向低角度方向移动的趋势，说明 BZZ 的加入引发了晶格膨胀。已知 Ti^{4+} 的离子半径为 0.605 Å，Zn^{2+} 的离子半径为 0.74 Å，Zr^{4+} 的离子半径为 0.72 Å，所以 B 位用大离子半径的 Zn^{2+} 和 Zr^{4+} 代替 B 位小离子半径的 Ti^{4+}，必然会导致晶面间距增大，引起晶格膨胀。插图为 BNT－0.5BZZ 薄膜断面 SEM 图，由图可以看出，LNO 底电极与 BNT－0.5BZZ 薄膜层之间界面清晰，没有明显的相互扩散，且结晶均匀致密未发现裂纹和孔洞。BNT－0.5BZZ 层和 LNO 层的厚度分别约为 700 nm 和 200 nm。

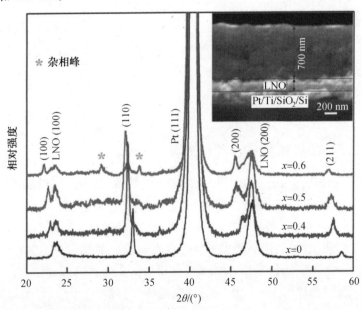

图 7.4　BNT－xBZZ 薄膜的 XRD 衍射谱图，插图为 BNT－0.5BZZ 薄膜断面 SEM 图像

7.3.2　BNT－BZZ 薄膜的晶体结构

为了进一步探讨离子取代对晶体结构的影响,采用第一性原理计算的方法分析了取代前后晶体的结构。如图 7.5 所示,BNT－BZZ 的超晶格结构是基于对称性为 O4,Ti—O5 和 Ti—O6 键缩短,并结合键角的变化得知 Ti 离子沿[001]方向发生了偏移,这无疑为极化的增加创造了先决条件。BNT－BZZ 的超晶格结构是基于对称性为 R3c 的 $2\times2\times2$ BNT 超级晶格(含 120 个原子)建模的。根据赝势选择,Na 原子的价电子态为 $3s^1$,Bi 原子的价电子态为 $6s^2 6p^3$,Ti 原子的价电子态为 $4s^2 3d^2$,Zn 原子的价电子态为 $4s^2 3d^{10}$,Zr 原子的价电子态为 $5s^2 4d^2$ 和 O 原子的价电子态为 $2s^2 2p^4 s$。利用广义梯度近

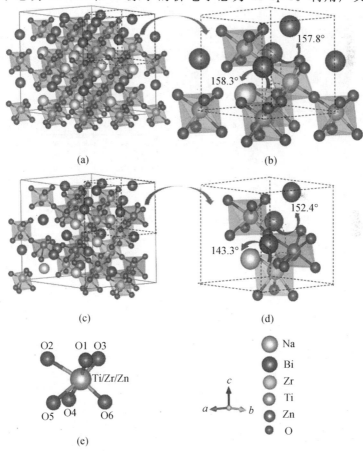

图 7.5 完全弛豫后的纯 BNT 与 BNT－0.5BZZ 的 $2\times2\times2$ 超晶格结构

（GGA+U）方法，研究了 BNTi－BZZ 超晶格：对于 Ti(3d) 状态，$U=6$ eV，对于 Zn(3d) 状态，$U=6$ eV。平面波的能量截止设置为 450 eV。使用 $7×7×3$ 的 Monkhorst－Pack k 点网格进行离子弛豫。这里，以 BNT－0.5BZZ 的组分为代表考虑了 6 个 Zn 离子和 6 个 Zr 离子替代 Ti 的位置。通过使用共轭梯度方法，允许所有结构自动重排。能量公差为 $1×10^{-5}$ eV/原子，力公差为 0.02 eV/Å。完全弛豫后，BNT－0.5BZZ 的体积为 1 508.26 Å^3，明显大于纯 BNT 的体积（1 431.12 Å^3），这支持了 XRD 指出的 BZZ 加入引发晶格膨胀的结果。此外，BNT－BZZ 的氧八面体的倾斜角分别为 152.4° 和 143.3°，小于纯 BNT 的氧八面体的倾斜角（157.8° 和 158.3°），这意味着加入 BZZ 导致 TiO_6 八面体发生畸变。表 7.1 和表 7.2 详细汇总了弛豫前后 BNT－0.5BZZ 键长和键角的数据。可以看出，晶格膨胀是 Zn—O 和 Zr—O 键的长度大于 Ti—O 键导致的。同时发现，BZZ 取代以后导致 Ti—O1、Ti—O2 和 Ti—O3 键延长，Ti—O4、Ti—O5 和 Ti—O6 键缩短，并结合键角的变化得知 Ti 离子沿[001]方向发生了偏移，这无疑为极化的增加创造了先决条件。

表 7.1　弛豫前后 BNT－BZZ 中 TiO_6 八面体键角的变化率

键	弛豫前键角/(°)	弛豫后键角/(°)	变化率/%
O1—Ti—O2	93.878 8	91.924 5	−2.081 7
O1—Ti—O3	93.881 0	97.646 7	4.011 1
O2—Ti—O3	93.878 2	96.831 9	−3.146 3
O1—Ti/Zn—O2	88.922 6	91.141 9	2.495 8
O1—Ti/Zn—O3	88.920 3	88.055 2	−0.972 9
O2—Ti/Zn—O3	88.922 1	98.531 0	10.806 0
O1—Ti/Zr—O2	97.048 8	95.640 4	−1.451 2
O1—Ti/Zr—O3	97.051 2	101.406 9	4.488 0
O2—Ti/Zr—O3	97.048 1	98.454 6	1.449 3

表 7.2　弛豫前后 BNT－BZZ 中 TiO_6 八面体键长的变化率

键	弛豫前键长/Å	弛豫后键长/Å	变化率/%
Ti/Zn—O1	2.019 0	2.067 3	2.390 3
Ti/Zn—O2	2.018 9	2.456 9	21.691 1
Ti/Zn—O3	2.019 0	2.176 6	7.804 2

续表7.2

键	弛豫前键长/Å	弛豫后键长/Å	变化率/%
Ti/Zn—O4	1.945 7	2.061 1	5.927 9
Ti/Zn—O5	1.945 7	1.992 0	2.378 0
Ti/Zn—O6	1.945 7	2.072 3	6.507 1
Ti/Zr—O1	1.881 0	1.925 8	2.383 9
Ti/Zr—O2	1.881 0	2.095 4	11.394 7
Ti/Zr—O3	1.881 0	1.931 6	2.693 8
Ti/Zr—O4	2.126 3	2.367 6	11.349 9
Ti/Zr—O5	2.126 3	2.267 3	6.635 1
Ti/Zr—O6	2.126 2	2.242 9	5.490 5
Ti—O1	2.001 8	1.872 9	−6.439 3
Ti—O2	2.001 9	1.807 8	−9.692 9
Ti—O3	2.001 8	1.857 9	−7.190 5
Ti—O4	1.965 2	2.185 0	11.183 4
Ti—O5	1.965 2	2.204 1	12.153 9
Ti—O6	1.965 2	2.191 1	11.497 8

7.3.3　BNT－BZZ 薄膜的微观形貌

1. BNT－BZZ 薄膜的表面形貌

图 7.6 显示了 BNT－xBZZ 薄膜表面的 AFM 图以及通过线扫描收集到的粗糙度情况。从图中可以看出,所有组分的薄膜均展现出均匀致密的微观结构,晶粒生长良好,无明显孔洞和裂纹。同时可以看出,BZZ 的加入对晶粒的生长影响不明显,不同组分的晶粒尺寸变化不大,平均晶粒尺寸约为 100 nm。薄膜表面光滑平整,表面粗糙度均小于 5 nm。

2. BNT－BZZ 薄膜的电畴结构

利用压电力显微镜(PFM)对 BNT－xBZZ 薄膜的电畴结构进行高分辨、非破坏的观测。图 7.7(a)、(d)、(g)、(j)给出了 BNT－xBZZ 薄膜的面外相位 PFM 图像。可以明显看出,图 7.7(a)显示出清晰的长程有序的铁电畴结构,畴壁明显。将 BZZ 引入 BNT 基体,取代离子周围的结构和电荷变得不均匀,

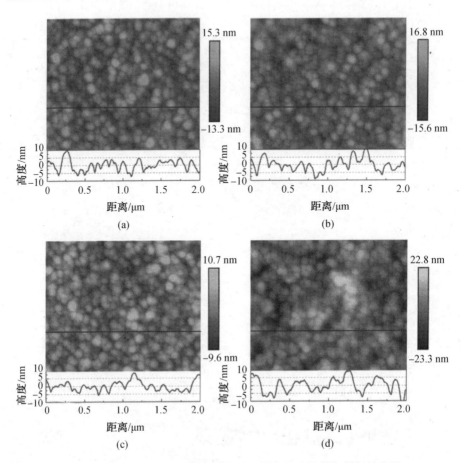

图 7.6 BNT－xBZZ 薄膜表面的 AFM 图和相应的线扫描粗糙度图

诱导铁电畴扭曲变形,产生极性纳米区域(PNRs)。PNRs 的数量随 BZZ 掺杂浓度的增加而增加。对于 BNT－0.5BZZ 薄膜,如图 7.7(g)所示,大尺寸铁电畴和 PNRs 所占的比例几乎对等,PNRs 均匀分布在铁电畴周围。当 BZZ 掺杂浓度增加到 $x＝0.6$ 时,如图 7.7(j)所示,PNRs 占主导地位,几乎看不到连续的铁电畴。为了更深入地了解铁电畴和 PNRs 的行为特征,对所有样本的选定区域进行了相位－电压图和振幅－电压图测试。其中标记为 1、2 和 4 的区域为铁电畴区域,而标记为 3、5 和 6 的区域为 PNRs 区域。注意到,铁电畴区域显示出饱和的方形相位－电压回线,具有明显的电滞后性。而 PNRs 区域显示出收缩的相位－电压回线,电滞后性明显降低。这样的结果表明,PNRs 的沿外电场的翻转要比铁电畴容易得多。此外,对于铁电畴,振幅－电压图为典型的蝴蝶曲线,具有明显的负应变,表现出明显的铁电行为。相比之下,PNRs 的振幅－电压图则呈现出细长的芽形曲线,仅存在正应变,表现出弛豫行为。简而言之,将 BZZ 添加到 BNT 基体中会导致 PNRs 的出现,从而诱发铁电态向弛豫态的转变。

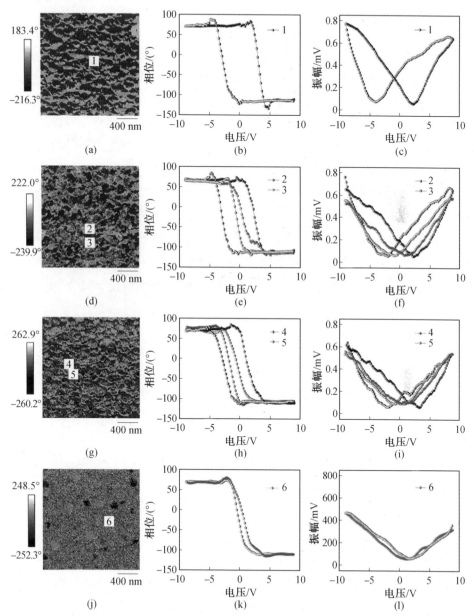

图 7.7　BNT－xBZZ 薄膜的面外相位 PFM 图及相位－电压图和振幅－电压图

7.4 BNT－BZZ 薄膜的电学性能

7.4.1 BNT－BZZ 薄膜的介电性能

图 7.8 给出了 1 kHz～1 MHz 范围内 BNT－xBZZ 薄膜的相对介电常数和介电损耗随频率的变化规律。随着 BZZ 掺杂浓度的增加,薄膜的介电常数呈现先增大后减小的变化趋势。在 100 kHz 下,BNT、BNT－0.4BZZ、BNT－0.5BZZ 和 BNT－0.6BZZ 薄膜的介电常数分别为 408、431、472 和 219。这和 BZZ 的加入引起极化结构的变化有关,说明铁电畴与 PNRs 共存的结构有利于提高介电常数,这对极化有积极的影响。BNT－0.6BZZ 薄膜介电常数的降低可能与显著降低的强极性结构有关,同时也不排除其与生成的杂质相有一定的关系。另外,所有组分的薄膜显示出较低的介电损耗,均小于 0.06。

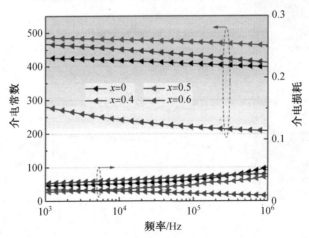

图 7.8　BNT－xBZZ 薄膜的介电频谱图

图 7.9 对比了 BNT 与 BNT－0.5BZZ 薄膜的介电温谱,测试温度范围为 25～500 ℃。从图中可以看出,相较于纯的 BNT 薄膜,BNT－0.5BZZ 薄膜的介电峰明显宽化,这主要是由于 BZZ 的加入诱导发生了铁电态向弛豫态的转变。对于 BNT 薄膜,其介电常数最大值对应的温度(T_m)约为 330 ℃。对于 BNT－0.5BZZ 薄膜,介电常数从室温到 500 ℃不断增大,尚未达到真正的最大值。另外,BNT－0.5BZZ 薄膜在高温处观察到介电弛豫现象,这主要是高温下氧空位跃迁造成的。

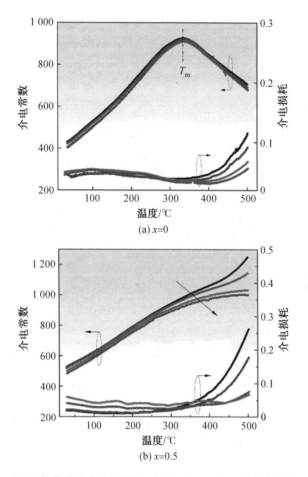

(a) $x=0$

(b) $x=0.5$

图 7.9　(a)BNT 薄膜的介电温谱图；(b)BNT－0.5BZZ 薄膜的介电温谱图

7.4.2　BNT－BZZ 薄膜的极化行为及其响应机制

为了探究极性结构的演变对极化行为的影响，研究了 BNT－xBZZ 薄膜室温下的 P－E 回线和相应的 J－E 回线，如图 7.10 所示。对于不同 BZZ 掺杂浓度的薄膜，J－E 曲线均在第一象限和第三象限处发现电流峰，这是铁电体的特征。电流峰值并非出现在最大电场处，而是出现在矫顽场附近，说明瞬时电流的变化与电导无关，而是由畴的翻转引起的。随着 BZZ 掺杂浓度的增加，P－E 回线线型明显变纤细，P_r 急剧降低，相应的电流峰也趋于平缓。这是由于 PNRs 与普通铁电畴相比更容易被极化。当 BZZ 掺杂浓度增加到 $x=0.6$ 时，电流峰几乎消失，说明此时极化很大程度上是弱耦合的 PNRs 引起的。值得注意的是,随着 BZZ 掺杂浓度的增加($x<0.6$),在从铁电态到弛豫态转变的同时,不仅 P_r 显著下降,而且 P_{max} 明显增加。这种现象与极性结构密切相关。

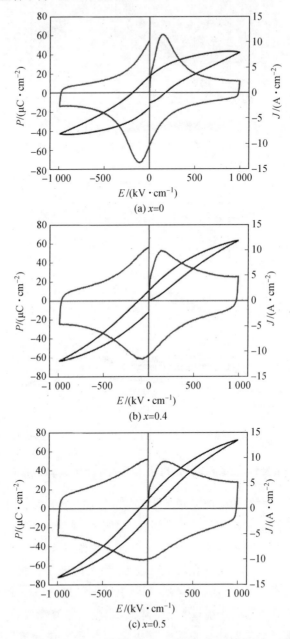

(a) $x=0$

(b) $x=0.4$

(c) $x=0.5$

图 7.10 BNT$-x$BZZ 薄膜的室温 $P-E$ 回线和相应的 $J-E$ 曲线

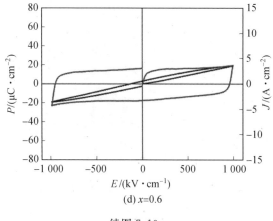

(d) $x=0.6$

续图 7.10

首先,B 位的 Ti^{4+} 被 Zn^{2+} 和 Zr^{4+} 取代导致八面体 $[TiO_6]$ 畸变和晶格中 Ti^{4+} 位移(已通过图 7.5 所示的第一性原理计算得到了证实),这给了 Ti^{4+} 更大的活动空间,从而为提高 P_{max} 创造了有利条件。同时,铁电畴和 PNRs 共存,两者之间的极化耦合作用有利于提高 P_{max}。

图 7.11 给出了 BNT 和 BNT−0.5BZZ 膜中畴结构的极化过程示意图,以简要说明畴结构对 P_r 和 P_{max} 的影响机制。纯 BNT 薄膜中存在单一的铁电畴,而 BNT−0.5BZZ 薄膜中电畴和 PNRs 共存,铁电畴的矫顽场 E_{C2} 比 PNRs 的矫顽场 E_{C1} 大,这些都已在 PFM 结果中得到了证实。在没有外加场强的情况下,即 $E_{ext}=0$,铁电畴和 PNRs 方向随机分布,宏观极化为零。在较低的电场($E_{ext}=E_{C1}$)作用下,PNRs 被极化,产生的感应电荷在相界处积累,形成内部电场。因此,施加到铁电畴的有效电场实际上是外部电场与内部电场之和。因此,被 PNRs 包围的铁电畴在低于矫顽场 E_{C2} 的电场 E_1 作用下被极化。然而,对于仅存在铁电畴的畴结构,只有当外加场强超过 E_{C2} 时,它们才能被极化。因此,在相同的施加电场下,BNT−0.5BZZ 薄膜的 P_{max} 高于 BNT。当撤去外电场时,PNRs 迅速返回到初始状态,这也会产生反向内部电场,协助铁电畴回转,从而导致 P_r 较小。另外,BNT−0.6BZZ 薄膜中 P_{max} 的降低可能与强极性铁电畴的急剧减少有关。

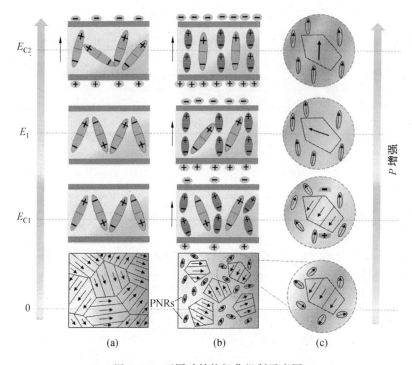

图 7.11　不同畴结构极化机制示意图

7.5　BNT－BZZ 薄膜的储能特性

7.5.1　BNT－BZZ 薄膜的储能特性

可以预见,这种极化行为的演变必将引起 BNT－BZZ 薄膜的储能特性发生质的飞跃。图 7.12(a)～(d)中给出了在不同电场条件下测得的 BNT－xBZZ 薄膜的 $P-E$ 回线。插图为不同电场下的 P_r 和 P_{max}。同时,图 7.12(e)和(f)分别对不同 BZZ 掺杂浓度的薄膜在不同电场下的 $\Delta P(\Delta P = P_{max} - P_r)$ 和储能特性进行对比。可以看出,所有薄膜的 P_{max} 和 P_r 均随电场的增加而增加。BNT－0.5BZZ 薄膜的 ΔP 值相较纯 BNT 薄膜显著提高。例如在 1 500 kV/cm电场条件下,BNT 薄膜的 ΔP 值仅为 23.45 $\mu C/cm^2$,而 BNT－0.5BZZ 薄膜的ΔP 值高达 78.47 $\mu C/cm^2$。BNT－0.5BZZ 薄膜在 1 500 kV/cm 的低电场下获得了高达 40.8 J/cm^3 的储能密度,相比纯 BNT 薄膜提高了 162%。以上结果证实,通过微观结构工程实现多种极性结构协同作用对加大 BNT－BZZ 薄膜的极化差值和提高储能特性的方案是切实可行的。

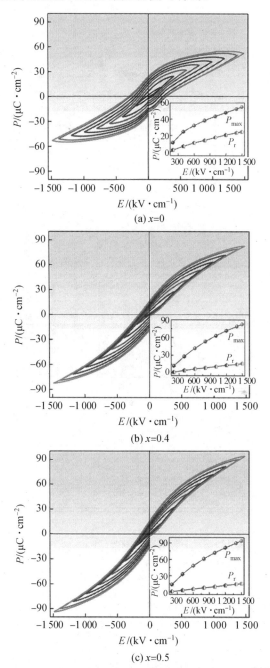

图 7.12　BNT—xBZZ 薄膜不同电场下的室温 P—E 回线和储能特性

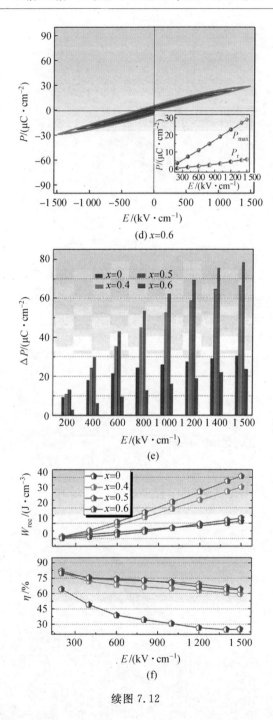

(d) $x=0.6$

(e)

(f)

续图 7.12

　　为了评估 BNT－0.5BZZ 薄膜的储能能力,图 7.13 将其储能特性与其他报道的无铅薄膜材料进行了比较。对于大多数无铅材料,它们的 W_{rec} 通常比较低,而高 W_{rec} 往往需要高的电场去诱导大的极化获得。但是,BNT－0.5BZZ 薄膜在 1 500 kV/cm 的低电场下便获得了相对较高的 W_{rec}（40.8 J/cm³）,完全可以与其他材料在较高电场下的储能特性相媲美,例如（W, Ni）掺杂的 BNT 薄膜在 2 515 kV/cm 电场下的 W_{rec} 为 40.4 J/cm³；$BiFeO_3$－$SrTiO_3$ 薄膜在 3 000 kV/cm 电场下获得的 W_{rec} 为 44 J/cm³。尽管一些无铅薄膜材料在超高电场（$E>4 000$ kV/cm）条件下获得了大的 W_{rec},但其在低电场下的 W_{rec} 值仍然不能令人满意,如表 7.3 所示。例如报道的 $BiFO_3$－$BaTiO_3$－$SrTiO_3$ 薄膜,其在 5 300 kV/cm 电场下得到了 110 J/cm³ 的储能密度,但其在 1 500 kV/cm 电场下的储能密度仅有 18 J/cm³；再如报道的 $SrTiO_3$ 薄膜,在 6 800 kV/cm 的超高电场作用下储能密度高达 307 J/cm³,而在 1 500 kV/cm 电场下的储能密度却只有 20 J/cm³。为了更加客观地评估这些材料的储能特性,提出"储能系数"（W_{rec}/E）这一参数,较大的 W_{rec}/E 值表明材料在低电场下可以获得较高的储能密度,这对于其在储能装置中的应用具有重要的现实意义。从图 7.13（b）可以明显看出,BNT－0.5BZZ 薄膜的 W_{rec}/E 值要明显优于其他薄膜材料,这表明 BNT－0.5BZZ 膜具有更大的储能潜力,可以作为理想的候选材料用于储能电容器。

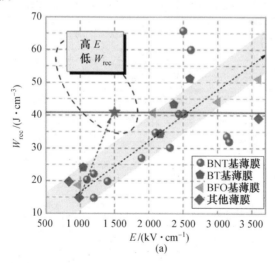

图 7.13　不同体系无铅薄膜的储能特性比较

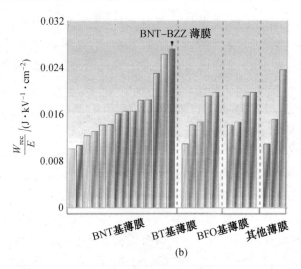

(b)

续图 7.13

表 7.3 目前报道的无铅薄膜在大于 4 000 kV/cm 电场条件下的储能特性

薄膜组分	$E/(kV \cdot cm^{-1})$	$W_{rec}/(J \cdot cm^{-3})$	$\dfrac{W_{rec}}{E}/(J \cdot kV^{-1} \cdot cm^{-2})$
BF−ST	4 460	70	0.015 7
BCT/BZT	4 800	52.4	0.011 0
BZN	5 100	60.8	0.011 9
BZNT	5 500	66.9	0.012 2
BZT/BZT	8 300	83.9	0.010 1
BF−BT−ST	1 500	18	0.012 0
	2 700	40	0.014 8
	5 300	110	0.020 8
ST	1 500	20	0.013 3
	2 300	40	0.017 4
	6 800	307	0.045 2

7.5.2　BNT－BZZ 薄膜储能特性的稳定性

温度稳定性和耐疲劳特性是评估储能材料实际应用价值的重要指标。图 7.14(a)和(b)分别给出了 500 kV/cm 电场条件下 BNT－BZZ 薄膜在 25 ～ 145 ℃温度范围内的 $P-E$ 回线和储能特性。如图所示，随着温度升高，$P-E$ 回线始终保持"细长"形状，P_{max} 从 41 $\mu C/cm^2$ 升至 44.8 $\mu C/cm^2$，这可能是由于高温下畴的热活性增强使其更容易翻转。实际上，这些行为对储能特性是非常有利的。可以发现，在 25～105 ℃的温度范围内，W_{rec} 从 7.79 J/cm^3 增加到 8.34 J/cm^3，η 从 73.81% 增加到 76.37%。当温度进一步升高时，W_{rec} 和 η 值均逐渐降低，在 145 ℃时分别降至 8.31 J/cm^3 和 70.91%，这可能与高温下电导损耗增加有关。在整个温区范围内，BNT－0.5BZZ 薄膜的 W_{rec} 和 η 波动幅度很小，W_{rec} 的变化率不到 7%，η 的变化率不到 4%，展现出优异的温度稳定性。图 7.14(c)和(d)分别给出了 500 kV/cm 电场条件下 BNT－BZZ 薄膜经历不同极化周期后的 $P-E$ 回线和储能特性。显然，经历 5×10^7 次充放电循环后，$P-E$ 回线未发生明显劣化，P_{max} 和 P_r 分别在 40 $\mu C/cm^2$ 和 4.6 $\mu C/cm^2$ 附近略有波动。即使在 5×10^7 次循环之后，W_{rec} 和 η 仅分别下降了 5.5% 和 2.9%。BNT－0.5BZZ 薄膜具有如此优异的耐疲劳性，主要是由于在充放电过程中，PNRs 翻转可逆和残留效应小。以上结果表明，BNT－0.5BZZ 薄膜拥有宽的工作温区和长的工作寿命，具有良好的应用前景。

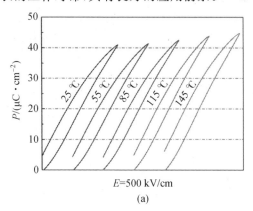

(a)

图 7.14　BNT－0.5BZZ 薄膜储能特性的温度稳定性和耐疲劳特性

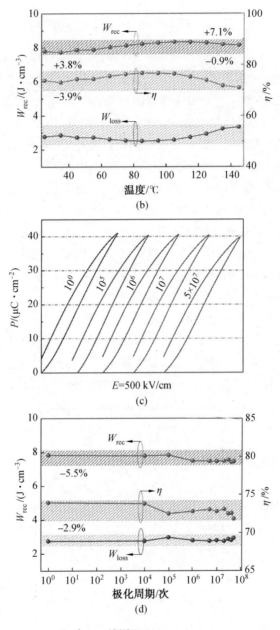

续图 7.14

7.6　本章小结

本章提出了一种利用多重极性结构的协同作用优化材料的极化行为以实现低电场下高储能密度的设计思路,设计并制备了具有复杂极性结构的 BNT$-x$BZZ($x=0$、0.4、0.5 和 0.6)固溶体薄膜,切实取得了理想的预期效果,打破了低电场下高储能密度难以实现的壁垒,主要结论如下:

(1)BZZ 加入到 BNT 基体中,引起了晶格畸变,且打破了长程有序的铁电畴结构,产生了短程有序的极性纳米区域(PNRs),形成了强极性铁电畴与弱极性 PNRs 共存的畴结构。

(2)晶格畸变为 BNT$-$BZZ 体系极化的增强提供了有利的空间条件,铁电畴与 PNRs 之间的耦合效应有利于获得增强的耦合极化。

(3)基于多种极性结构的协同效应,BNT$-$0.5BZZ 薄膜在 1 500 kV/cm 的低电场下实现了 40.8 J/cm³ 的高储能密度和 64.1% 的高储能效率,其 W_{rec}/E 值优于目前报道的大多数的无铅薄膜材料。

(4)BNT$-$0.5BZZ 薄膜具有很强的疲劳强度,即使在 5×10^7 次极化循环后,储能密度和储能效率也只下降了 5.5% 和 2.9%;同时 BNT$-$0.5BZZ 薄膜具有良好的热稳定性,从室温到 145 ℃,其储能密度和储能效率的变化仅为 7% 和 4%。

参 考 文 献

[1] DANG Z M, YUAN J K, YAO S H, et al. Flexible nanodielectric materials with high permittivity for power energy storage.[J]. Advanced Materials, 2013, 25(44):6334-6365.

[2] SUN Z X, MA C R, LIU M, et al. Ultrahigh energy storage performance of lead-free oxide multilayer film capacitors via interface engineering[J]. Advanced Materials, 2016, 29(5):1-6.

[3] WANG Y F, CUI J, YUAN Q B, et al. Significantly enhanced breakdown strength and energy density in sandwich-structured barium titanate/poly (vinylidene fluoride) nanocomposites [J]. Advanced Materials, 2015, 27(42):6658-6663.

[4] ZHANG X, SHEN Y, XU B, et al. Giant energy density and improved discharge efficiency of solution-processed polymer nanocomposites for dielectric energy storage[J]. Advanced Materials, 2016, 28(10):55-68.

[5] SUNG S W, MASAMI K, LINDSAY K, et al. $BiFeO_3$-doped($K_{0.5}$, $Na_{0.5}$)($Mn_{0.005}$, $Nb_{0.995}$)O_3 ferroelectric thin film capacitors for high energy density storage applications. [J]. Applied Physics Letters, 2017, 110(15):1-5.

[6] GAO J H, WANG Y, LIU Y B, et al. Enhancing dielectric permittivity for energy-storage devices through tricritical phenomenon[J]. Scientific Reports, 2017, 7: 9-16.

[7] SEELAM R R, VELIDANDLA V B P, SANDIP B, et al. Superior energy storage performance and fatigue resistance in ferroelectric BCZT thin films grown in an oxygen-rich atmosphere[J]. Journal of Materials Chemistry C, 2019, 7(23):7073-7082.

[8] LUO B C, WANG X H, TIAN E K, et al. Enhanced energy-storage density and high efficiency of lead-free $CaTiO_3$-$BiScO_3$ linear dielectric ceramics [J]. Acs Applied Materials & Interfaces, 2017, 9 (23): 19963-19972.

[9] CHEN P, LI P, ZHAI J W, et al. Enhanced dielectric and energy-storage properties in $BiFeO_3$-modified $Bi_{0.5}$($Na_{0.8}K_{0.2}$)$_{0.5}TiO_3$ thin films[J]. Ceramics International, 2017, 43(16): 13371-13376.

[10] EMERY B, MA C R, JAGARAN A, et al. Controlling dielectric and relaxor-ferroelectric properties for energy storage by tuning $Pb_{0.92}La_{0.08}$ $Zr_{0.52}Ti_{0.48}O_3$ film thickness[J]. ACS Applied Materials & Interfaces, 2014. 6(24): 22417-22422.

[11] LIU N T, LIANG R H, ZHOU Z Y, et al. Designing lead-free bismuth ferrite-based ceramics learning from relaxor ferroelectric behavior for simultaneous high energy density and efficiency under low electric field [J]. Journal of Materials Chemistry C, 2018, 6(38):10211-10217.

[12]XU Z S, HAO X H, AN S L, et al. Dielectric properties and energy-storage performance of ($Na_{0.5}Bi_{0.5}$)TiO_3-$SrTiO_3$ thick films derived from polyvinylpyrrolidone-modified chemical solution[J]. Journal of

Alloys & Compounds，2015，639：387-392.

［13］ KÄCKELL P，FURTHMÜLLER J，BECHSTEDT F，et al. Characterization of carbon-carbon bonds on the SiC（001）c（2×2） surface[J]. Physical Review B，1996，54(15)：10304-10307.

[14]GAO F，DONG X L，MAO C L，et al. C/A ratio-dependent energy-storage density in $(0.9-x)Bi_{0.5}Na_{0.5}TiO_3-xBaTiO_3-0.1K_{0.5}Na_{0.5}NbO_3$ ceramics[J]. Journal of the American Ceramic Society，2011，94(12)：4162-4164.

［15］TSUTSUMI N，UEYASU A，SAKAI W，et al. Crystalline structures and ferroelectric properties of ultrathin films of vinylidene fluoride and trifluoroethylene copolymer[J]. Thin Solid Films，2005，483(1-2)：340-345.

[16]CAO W P，LI W L，FENG Y，et al. Defect dipole induced large recoverable strain and high energy-storage density in lead-free $Na_{0.5}Bi_{0.5}TiO_3$-based systems[J]. Applied Physics Letters，2016，108(20)：1-8.

［17］ THI H，KANG J，LEE J，et al. Nanoscale ferroelectric/relaxor composites：origin of large strain in lead-free Bi-based incipient piezoelectric ceramics[J]. Journal of the European Ceramic Society，2016，36(14)：3401-3407.

[18] WU L W，LI L T，WANG X H，et al. Lead-free $BaTiO_3$-$Bi(Zn_{2/3}Nb_{1/3})O_3$ weakly coupled relaxor ferroelectric materials for energy storage[J]. 2016，6(17)：14273-14282.

［19］CHEN A，ZHI Y. High remnant polarization in $(Sr_{0.7}Bi_{0.2})TiO_3$-$(Na_{0.5}Bi_{0.5})TiO_3$ solid solutions[J]. Applied Physics Letters，2009，95(23)：1-8.

［20］SINGH G，TIWARI V S，GUPTA P K，et al. Role of oxygen vacancies on relaxation and conduction behavior of $KNbO_3$ ceramic[J]. Journal of Applied Physics，2010，107(6)：7-27.

［21］DAS S N，PRADHAN S K，BHUYAN S，et al. Capacitive，resistive and conducting characteristics of bismuth ferrite and lead magnesium niobate based relaxor electronic system[J]. Journal of Materials Science Materials in Electronics，2017，28(24)：1-16.

[22] GE P Z, TANG X G, LIU Q X, et al. Temperature-dependent dielectric relaxation and high tunability of $(Ba_{1-x}Sr_x)TiO_3$ ceramics[J]. Journal of Alloys and Compounds, 2018, 731: 70-77.

[23] JIANG X W, HAO H, ZHANG S J, et al. Enhanced energy storage and fast discharge properties of $BaTiO_3$ based ceramics modified by $Bi(Mg_{1/2}Zr_{1/2})O_3$[J]. Journal of the European Ceramic Society, 2018, 39(4): 1103-1109.

[24] XU Q, LI T M, HAO H, et al. Enhanced energy storage properties of $NaNbO_3$ modified $Bi_{0.5}Na_{0.5}TiO_3$ based ceramics[J]. Journal of the European Ceramic Society, 2015, 35(2): 545-553.

[25] KIM G, SUNG K, RHYIM Y, et al. Enhanced polarization by the coherent heterophase interface between polar and non-polar phases[J]. Nanoscale, 2015, 8(14): 7443-7448.

[26] LI J, LI F, ZHANG S J, et al. Decoding the fingerprint of ferroelectric loops: comprehension of the material properties and structures[J]. Journal of the American Ceramic Society, 2014, 97(1): 1-27.

[27] ZHU H F, LIU M L, ZHANG Y X, et al. Increasing energy storage capabilities of space-charge dominated ferroelectric thin films using interlayer coupling[J]. Acta Materialia, 2017, 122: 252-258.

[28] WANG J H, SUN N N, LI Y, et al. Effects of Mn doping on dielectric properties and energy-storage performance of $Na_{0.5}Bi_{0.5}TiO_3$ thick films [J]. Ceramics International, 2017, 43(10): 7804-7809.

[29] ZHANG Y L, LI W L, XU S C, et al. Interlayer coupling to enhance the energy storage performance of $Na_{0.5}Bi_{0.5}TiO_3$-$SrTiO_3$ multilayer films with the electric field amplifying effect[J]. Journal of Materials Chemistry A, 2018, 6(47): 24550-24559.

[30] TATIANA M C, MARK M, MACIEJ K R, et al. A lead-free and high-energy density ceramic for energy storage applications[J]. Journal of the American Ceramic Society, 2013, 96(9): 2699-2702.

[31] CHEN T, WANG J B, ZHONG X L, et al. High energy density capacitors based on $0.88BaTiO_3$-$0.12Bi(Mg_{0.5}, Ti_{0.5})O_3$/$PbZrO_3$ multilayered thin films [J]. Ceramics International, 2014, 40(4):

5327-5332.

[32] PAN H, ZENG Y, SHEN Y, et al. BiFeO$_3$-SrTiO$_3$ thin film as a new lead-free relaxor-ferroelectric capacitor with ultrahigh energy storage performance[J]. Journal of Materials Chemistry A, 2017, 5 (12): 5920-5926.

[33] CHEN P, WU S H, LI P, et al. High recoverable energy storage density in $(1-x)$Bi$_{0.5}$(Na$_{0.8}$K$_{0.2}$)$_{0.5}$TiO$_{3-x}$SrZrO$_3$ thin films prepared by a sol-gel method[J]. Journal of the European Ceramic Society, 2018, 38(14): 4640-4645.

[34] HAN Y J, WANG Y Z, YANG C H, et al. Compensation for volatile elements to modify the microstructure and energy storage performance of (W, Ni)-codoped Na$_{0.5}$Bi$_{0.5}$TiO$_3$ ceramic films [J]. Ceramics International, 2018, 44(13): 15153-15159.

[35] SUN Y Z, ZHOU Y P, LU Q S, et al. High energy storage efficiency with fatigue resistance and thermal stability in lead-free Na$_{0.5}$K$_{0.5}$NbO$_3$/BiMnO$_3$ solution films[J]. Physica Status Solidi(RRL)-Rapid Research Letters, 2017, 12(2):1-8.

[36] WANG D X, CLARK M B, TROLIER M S, et al. Bismuth niobate thin films for dielectric energy storage applications [J]. Journal of the American Ceramic Society, 2018, 101(8): 3443-3451.

[37] WU S H, CHEN P, ZHAI J W, et al. Enhanced piezoelectricity and energy storage performances of Fe-doped BNT-BKT-ST thin films[J]. Ceramics International, 2018, 44(17): 21289-21294.

[38] XU W L, LI X, LI Q Q, et al. Spectroscopic study of phase transitions in ferroelectric Bi$_{0.5}$Na$_{0.5}$Ti$_{1-x}$Mn$_x$O$_{3-\delta}$ films with enhanced ferroelectricity and energy storage ability[J]. Journal of Alloys and Compounds, 2018, 768:377-386.

[39] YANG C H, QIAN J, HAN Y J, et al. Ni doping to enhance ferroelectric, energy-storage and dielectric properties of lead-free BNT ceramic thin film with low leakage current[J]. Ceramics International, 2018, 44(6):7245-7250.

[40] YANG C H, YAO Q, QIAN J, et al. Comparative study on energy

storage performance of $Na_{0.5}Bi_{0.5}(Ti,W,Ni)O_3$ thin films with different bismuth contents[J]. Ceramics International, 2018, 44(8): 9643-9648.

[41] YAO Y, LI Y, SUN N N, et al. High energy-storage performance of BNT-BT-NN ferroelectric thin films prepared by RF magnetron sputtering[J]. Journal of Alloys & Compounds, 2018, 750: 228-234.

[42] YU Y, QIAO Y L, FEI W D, et al. 0.6ST-0.4BNT thin film with low level Mn doping as a lead-free ferroelectric capacitor with high energy storage performance[J]. Applied Physics Letters, 2018, 112(9): 1-5.

[43] PAN H, ZHANG Q H, WANG M, et al. Enhancements of dielectric and energy storage performances in lead-free films with sandwich architecture[J]. Journal of the American Ceramic Society, 2018, 102 (3): 936-943.

[44] WANG J H, LI Y, SUN N N, et al. $Bi(Mg_{0.5}Ti_{0.5})O_3$ addition induced high recoverable energy-storage density and excellent electrical properties in lead-free $Na_{0.5}Bi_{0.5}TiO_3$-based thick films[J]. Journal of the European Ceramic Society, 2018, 39(2-3): 255-263.

[45] YANG B B, GUO M Y, TANG X W, et al. Lead-free $A_2Bi_4Ti_5O_{18}$ thin film capacitors(A = Ba and Sr) with large energy storage density, high efficiency, and excellent thermal stability [J]. Journal of Materials Chemistry C, 2019, 7(7): 1888-1895.

[46] YU S H, ZHANG C M, WU M Y, et al. Ultra-high energy density thin-film capacitors with high power density using $BaSn_{0.15}Ti_{0.85}O_3/Ba_{0.6}Sr_{0.4}TiO_3$ heterostructure thin films[J]. Journal of Power Sources, 2019, 412(FEB. 1): 648-654.

[47] LI J, LI F, ZHANG S J. Decoding the Fingerprint of ferroelectric loops: comprehension of the material properties and structures[J]. Journal of the American Ceramic Society, 2014, 97(1): 1-27.

[48] WANG D W, FAN Z M, ZHOU D, et al. Bismuth ferrite-based lead-free ceramics and multilayers with high recoverable energy density[J]. Journal of Materials Chemistry A, 2018, 6(9): 4133-4144.

[49] PAN H, LI F, LIU Y, et al. Ultrahigh-energy density lead-free dielectric films via polymorphic nanodomain design[J]. Science, 2019,

365(6453):578-582.

[50] PAN Hao，MA Jing，MA Ji，et al. Giant energy density and high efficiency achieved in bismuth ferrite-based film capacitors via domain engineering[J]. Nature Communications，2018，9(1):13-18.

[51] MICHAEL E K，TROLIER M S. Cubic pyrochlore bismuth zinc niobate thin films for high-temperature dielectric energy storage[J]. Journal of the American Ceramic Society，2015，98(4):1223-1229.

[52] MICHAEL E K，TROLIER M S. Bismuth pyrochlore thin films for dielectric energy storage[J]. Journal of Applied Physics，2015，118(5): 11-19.

[53] FAN Q L，LIU M，MA C R，et al. Significantly enhanced energy storage density with superior thermal stability by optimizing $Ba(Zr_{0.15}Ti_{0.85})O_3/Ba(Zr_{0.35}Ti_{0.65})O_3$ multilayer structure[J]. Nano Energy，2018，51: 539-545.

[54] HOU C M，HUANG W C，ZHAO W B，et al. Ultrahigh energy density in $SrTiO_3$ film capacitors[J]. Acs Applied Materials & Interfaces，2017，9(24):20484-20490.

[55] YIN J，ZHANG Y X，LV X. Ultrahigh energy-storage potential under low electric field in bismuth sodium titanate-based perovskite ferroelectrics[J]. Journal of Materials Chemistry A，2018，6(21): 9823-9832.

第 8 章　柔性 BNT 基弛豫型铁电薄膜的储能特性

8.1　概　　述

随着柔性电子技术的飞速发展,电介质电容器作为一种重要的储能元件正面临着柔性化、集成化和微型化的挑战。一般用于储能电容器的介质材料主要包括有机聚合物和无机材料。前者如聚偏二氟乙烯(PVDF)或双向拉伸聚丙烯薄膜(BOPP),具有优异的机械柔性,但存在热稳定性差、易疲劳和储能密度低等缺点,严重阻碍了其应用进程。无机介电薄膜具有良好的温度稳定性和突出的储能密度,但由于需要高温退火工艺,通常生长在 $SrTiO_3$、Si 等耐高温硬质基底上,导致其无法进行机械弯曲。尽管目前的"生长-转移"技术可以实现无机介电薄膜的柔性化,但制作过程烦琐、制备成本昂贵且存在大面积转移难以实现的难题,极大地限制了无机电介质储能材料在柔性电子领域的应用前景。

本章以储能特性优异的 $0.6Bi_{0.5}Na_{0.5}TiO_3 - 0.4BiNi_{0.5}Zr_{0.5}O_3$(BNT-BNZ)及 $0.5Bi_{0.5}Na_{0.5}TiO_3 - 0.5BiZn_{0.5}Zr_{0.5}O_3$(BNT-BZZ)薄膜为研究对象,选用耐高温的柔性金属镍箔及云母为基底,利用溶胶-凝胶法实现了"一步式"制备柔性全无机高储能介电薄膜。系统研究柔性 BNT 薄膜的储能特性及其稳定性,并对弯曲条件下储能特性的稳定性进行考量,为推进无机介电薄膜在柔性储能领域的应用奠定基础。

8.2 镍基柔性 Mn:BNT-BNZ 薄膜的储能特性

8.2.1　镍基柔性 Mn:BNT-BNZ 薄膜的制备及性能表征

1.薄膜样品的制备

采用溶胶-凝胶法在 LNO(100)/镍箔基底上制备 2%Mn 掺杂的 $0.6Bi_{0.5}$

$Na_{0.5}TiO_3 - 0.4BiNi_{0.5}Zr_{0.5}O_3(Mn:BNT-BNZ)$ 薄膜。首先,采用溶胶－凝胶法在洁净的镍箔基底上制备(100)择优取向的 LNO 薄膜作为底电极。然后,制备 Mn:BNT－BNZ 前驱体溶液:以硝酸铋、乙酸钠、乙酸锰、乙酸镍、正丙醇锆和钛酸四正丁酯为原料;以乙酸和去离子水为溶剂。其中,硝酸铋、乙酸钠过量 10%(摩尔分数)用于补偿退火过程中钠和铋的挥发,且加入适量的聚乙烯吡咯烷酮(PVP)、乙酰丙酮、甲酰胺、乳酸和乙二醇以提高溶液的黏度和稳定性。通过控制乙酸的加入量,将 Mn:BNT－BNZ 前驱体溶液的最终浓度调整为 0.3 mol/L。取少量的 Mn:BNT－BNZ 胶体滴加在 LNO 底电极上,利用匀胶机涂覆,转速为 3 000 r/min,匀胶时间为 20 s。匀胶完成后,将湿膜置于电热板上 150 ℃加热 3 min。将干燥后的薄膜放至三温区管式炉中进行热处理:410 ℃下保温 5 min,550 ℃下保温 3 min,700 ℃下保温 2 min;重复以上过程直至薄膜达到所需厚度;最后一层湿膜旋涂完成后直接放入管式炉中 700 ℃下退火 10 min。最终得到所需的 Mn:BNT－BNZ 薄膜。

2. 薄膜的结构及性能表征

采用 X 射线衍射仪分析 Mn:BNT－BNZ 薄膜的晶体结构。用拉曼光谱仪测量样品的拉曼光谱。通过场发射扫描电子显微镜、原子力显微镜(AFM)和压电力显微镜(PFM)分别测量断面、表面形貌和畴结构。为进行电学性能测试,利用小型离子溅射仪在 Mn:BNT－BNZ 薄膜表面溅射 Au 顶电极(直径为 0.2 mm 和 0.5 mm)。采用安捷伦 E4980A LCR 分析仪研究薄膜的介电性能。通过铁电测试系统测试薄膜的电滞回线($P-E$ 回线)、抗疲劳特性及漏电流特性。根据 $P-E$ 结果计算薄膜的储能特性。

8.2.2　镍基柔性 Mn:BNT－BNZ 薄膜的微观结构

图 8.1(a)给出了 2% Mn 掺杂的 $0.6Bi_{0.5}Na_{0.5}TiO_3 - 0.4BiNi_{0.5}Zr_{0.5}O_3$ (Mn:BNT－BNZ)薄膜的实物图和结构示意图。从图中可以看出,镍基 Mn:BNT－BZZ 薄膜表现出良好的柔性,薄膜弯曲后表面未出现裂纹、皱纹、剥落或其他机械损伤,初步证明了 Mn:BNT－BNZ 薄膜应用在柔性电子器件领域中的可行性。图 8.1(b)为镍基 Mn:BNT－BNZ 薄膜的断面场发射扫描电子显微镜(FESEM)显微图,可以看到 Mn:BNT－BNZ/LNO 和 LNO/Ni 界面清晰。LNO 层和 Mn:BNT－BNZ 层均比较致密,没有明显的孔隙和裂纹。LNO 层和 Mn:BNT－BNZ 层的厚度分别约为 400 nm 和 700 nm。图 8.1(c)为 Mn:BNT－BNZ 薄膜在 2 μm×2 μm 范围内扫描的 AFM 表面形貌图。观

察到薄膜具有致密、均匀、无裂纹的显微结构,晶粒尺寸较小,平均晶粒尺寸仅为 70 nm 左右。同时,利用能量色散光谱(EDS)分析 Mn:BNT－BNZ 薄膜的元素分布情况,如图 8.1(d)所示,Bi、Na、Ti、Ni、Zr 和 Mn 元素均匀分布在薄膜中,表明薄膜中没有出现第二相。图 8.1(e)给出了在 Ni 箔基底上生长的 LNO 薄膜和 Mn:BNT－BNZ 薄膜的 XRD 谱图,测量范围为 20°～60°,可以观察到 LNO 薄膜和 Mn:BNT－BNZ 薄膜均为纯的钙钛矿结构,再一次证明薄膜中没有烧绿石或其他杂质相生成。

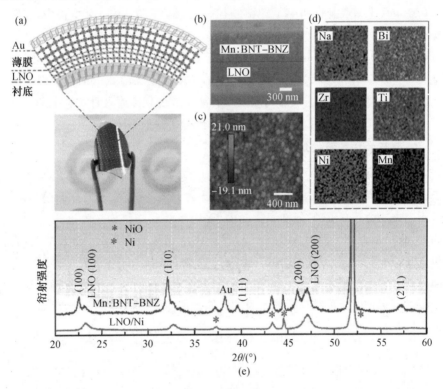

图 8.1　镍基 Mn:BNT－BNZ 柔性薄膜的(a)实物图和结构示意图;(b)断面 FESEM 图;(c)AFM 表面形貌图;(d)表面各元素分布图和(e)XRD 图

　　图 8.2(a)为镍基 Mn:BNT－BNZ 薄膜的 PFM 面外相位图像。图 8.2(b)为线扫描收集的高度和相位信号。相位和高度展现出不同的变化趋势,表明了畴结构信号的真实性。由图中可以看出,在镍基 Mn:BNT－BNZ 薄膜中长程铁电畴的畴壁不清晰,周围遍布着大量短程有序的极性纳米区域(PNRs)。这被认为是由于固溶体的形成引发局域随机电场,进而扰乱长程有序结构诱导出

PNRs。PNRs 是弛豫行为的主要来源。为进一步对比铁电畴和 PNRs 的行为特征,在相应区域进行了相位－电压回线和振幅－电压回线测试,如图 8.2(c)和(d)所示。可以观察到,铁电畴(F_p)呈现出饱和方形相位－电压回线,而 PNRs(R_p)呈现明显收缩的相位－电压回线。此外,铁电畴的振幅－电压图为典型的蝴蝶曲线,具有明显的负应变,PNRs 的振幅－电压图则呈现出细长的芽形曲线,仅存在正应变。简言之,铁电畴表现出明显的铁电性和弛豫特性。以上结果表明,PNRs 的存在预示了镍基 Mn:BNT－BNZ 薄膜为弛豫型铁电材料。

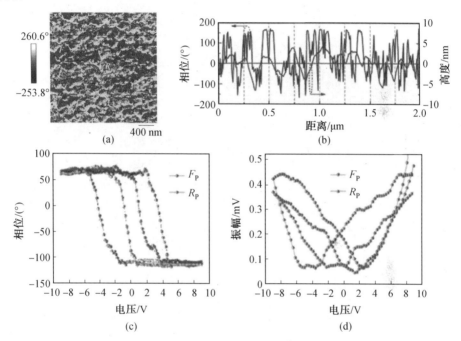

图 8.2　镍基 Mn:BNT－BNZ 薄膜的(a)PFM 面外相位图像;(b)相应的线扫描高度和相位信号;(c)相位－电压图和(d)振幅－电压图

8.2.3　镍基柔性 Mn:BNT－BNZ 薄膜的电学性能及储能特性

1. 薄膜的介电性能

8.3(a)表征了不同频率下 Mn:BNT－BNZ 薄膜的介电温谱。可以发现,在 280 ℃温度附近出现宽化平缓的介电常数峰,表现出明显的弥散相变,这是弛豫铁电体的一个重要特征。尽管介电峰太过平缓导致峰值无法很好地定义,但从对应的损耗曲线依然可以清楚看出,峰值所对应的温度随频率的增加而向更高的温度方向移动，观察到明显的色散现象，这是弛豫铁电体的另一个重要特征，再次证明了镍基 Mn:BNT－BNZ 薄膜的弛豫特性。此外，图 8.3(b)给出了 Mn:BNT－BNZ 薄膜的介电常数(ε_r)和介电损耗(tan δ)随频率的变化曲线，测试频率范围为 1 kHz～1 MHz。可以看出，ε_r 随频率的增加而减小，这和图 8.3(a)中结果相一致，这是高频下偶极子迁移率不足引起的。在 100 kHz 下测得 Mn:BNT－BNZ 薄膜的 ε_r 为 394。在测试频率范围内薄膜保持较低的介电损耗特性，tan δ<0.05。

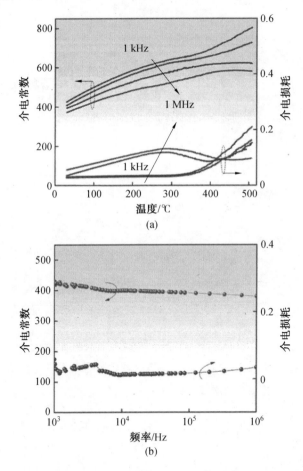

图 8.3　镍基 Mn:BNT－BNZ 薄膜的(a)介电温谱图和(b)介电频谱图

2. 薄膜的漏电及击穿特性

漏电流做功会产生焦耳热和能量损耗，严重劣化材料的击穿特性和储能特性。图 8.4(a)给出了镍基 Mn:BNT－BNZ 薄膜的漏电流密度与电场关系($J－E$)曲线。室温下,该薄膜在 500 kV/cm 时的漏电流密度仅约为 $1\times10^{-8}\,A/cm^2$,比 Mn:BNT－BNZ 薄膜的漏电流密度低 2 个数量级。如此低的漏电流可以通过以下两个原因解释:首先,漏电流很大程度上与 Ti^{4+} 的变价产生的氧空位有关,Mn^{2+} 掺杂可以通过 Mn 阳离子的多价性抑制氧空位的浓度,从而降低漏电流密度,具体反应方程式如下:

$$2Ti^{4+} + O_0^{\times} \longrightarrow 2Ti^{3+} + V''_O + \frac{1}{2}O_2 \tag{8.1}$$

$$2Mn''_{Ti} + V_O^{\cdot\cdot} + \frac{1}{2}O_2 \longrightarrow 2Mn'_{Ti} + O_O^{\times} \tag{8.2}$$

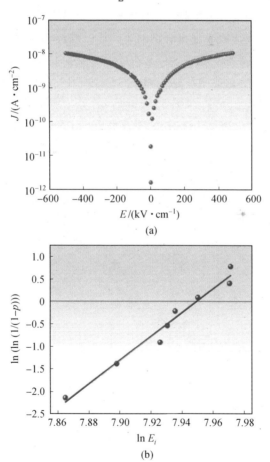

图 8.4　镍基 Mn:BNT－BNZ 薄膜的(a)漏电流密度随着施加电场的变化规律和(b)击穿场强的韦伯分布

其次,晶粒细小也是导致漏电流密度较低的一个重要因素。氧空位倾向于聚集在晶界处成为导电通道。小尺寸晶粒的晶界相对较多,这无疑扩展了传导路径导致较低的漏电流密度。低的电流泄漏可以减少电导损耗和产热,抑制热击穿和电击穿的产生,从而获得高的击穿场强。图 8.4(b)为室温下镍基 Mn:BNT－BNZ 薄膜击穿场强韦伯分布图,从图中计算出薄膜的平均击穿场强(BDS)为 2 833 kV/cm。

3.薄膜的储能特性

图 8.5(a)为镍基 Mn:BNT－BNZ 薄膜在不同电场下的室温 $P-E$ 回线,测试频率为 1 kHz,电场由 200 kV/cm 逐渐增强至平均击穿场强附近,为防止薄膜击穿,所施加的最大电场($E_{\max}=2\,800$ kV/cm)略低于 BDS。如图所示,镍基 Mn:BNT－BNZ 薄膜展现出纤细的 $P-E$ 回线,伴随较小的剩余极化(P_r),表现出明显的弛豫特性。在 2 800 kV/cm 电场条件下,最大极化($P_{\max}$)达到 73.7 μC/cm^2,而 P_r 只有 14.9 μC/cm^2。根据 $P-E$ 结果计算出镍基 Mn:BNT－BNZ 薄膜储能特性,如图 8.5(b)所示,其中 W_{rec} 表示可回收的储能密度,W_{loss} 表示能量损失密度,η 表示储能效率。随着场强的增加,W_{rec} 和 W_{loss} 逐渐上升,而 η 逐渐下降。在 2 800 kV/cm 时,W_{rec} 达到 60.4 J/cm^3,η 为 63.2%。

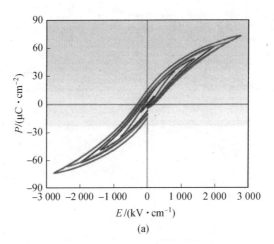

图 8.5　镍基 Mn:BNT－BNZ 薄膜不同场强下的(a)室温 $P-E$ 回线和(b)储能特性

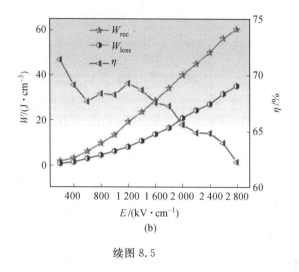

续图 8.5

8.2.4　平面状态下镍基 Mn:BNT－BNZ 储能薄膜的工作稳定性

1. 薄膜的温度稳定性

良好的热稳定性是保证电介质电容器在较宽的工作温度范围内正常运行的前提。图 8.6(a)显示了 25～205 ℃温度范围内镍基 Mn:BNT－BNZ 薄膜的 $P-E$ 回线,图 8.6(b)给出了相应的 P_{max}、P_r 和 $P_{max}-P_r$ 值。为了防止在连续加热期间突然击穿,选择在 800 kV/cm 的低电场下进行测量。可以看出,在测试温度范围内,$P-E$ 回线一直保持"苗条"的形状。随着温度的升高,P_{max} 从 35.6 $\mu C/cm^2$ 持续增加到 40.8 $\mu C/cm^2$,而 P_r 在 85 ℃以下时在 5.4 $\mu C/cm^2$ 附近保持稳定,随后缓慢增加到 7.7 $\mu C/cm^2$。结果如图 8.6(c)所示,薄膜的储能特性从 25 ℃到 85 ℃略有提高:W_{rec} 从 10.1 J/cm^3 增加到 10.5 J/cm^3,η 从 69.1%增加到 72.4%。当温度升高到 105 ℃以上时,薄膜的储能特性开始退化:在 205 ℃时,W_{rec} 下降到 10.3 J/cm^3,η 下降到 62.9%。储能特性的增加可能是由于温度升高,PNRs 动力学增加,极化强度增强。而高温下储能特性下降主要和漏电流增加有关,如图 8.6(d)所示。在整个测量温度范围内,W_{rec} 上升 5.9%,而 η 仅下降 8.9%,镍基 Mn:BNT－BNZ 薄膜表现出优异的温度稳定性。

为进一步地探究 $P-E$ 回线随温度变化的内在机制,利用原位变温拉曼光谱分析镍基 Mn:BNT－BNZ 薄膜的局域结构演变,如图 8.7(a)所示。与之前工作中纯 BNT 薄膜的拉曼光谱相比,镍基 Mn:BNT－BNZ 薄膜中 200～

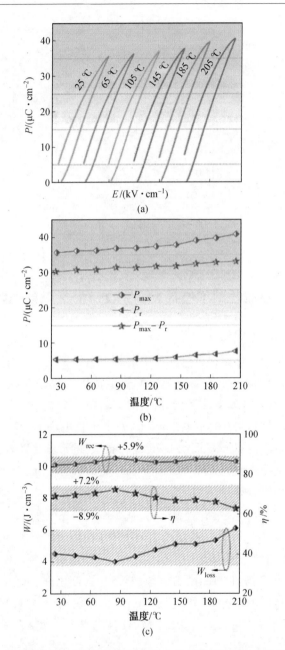

图 8.6　(a)不同温度下镍基 Mn：BNT－BNZ 薄膜的 $P-E$ 回线；
(b)P_{max}、P_r 及 $P_{max}-P_r$ 随温度的变化关系；(c)不同温度下镍基 Mn：
BNT－BNZ 薄膜的储能密度和储能效率；(d)不同温度下的 $J-E$ 曲线

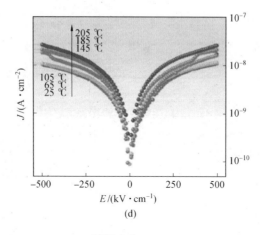

(d)

续图 8.6

$400\ cm^{-1}$ 波数范围内的 B—O 键振动模式的峰和 $450\sim700\ cm^{-1}$ 波数范围内的 BO_6 八面体振动模式的峰明显弥散和宽化,这主要是 B 位 Ti/Ni/Zr/Mn 离子随机占位引起局域结构紊乱和拉曼模式重叠导致的。随着温度的升高,上述两个振动模式逐渐松弛,表明 B—O 键连接程度变弱,晶胞各向异性降低,无序度增加。由于 B—O 键和 BO_6 八面体振动与 PNRs 的动力学密切相关,通常认为这种行为是基体中出现更多 PNRs 的标志。如图 8.7(b)所示,与铁电畴相比,PNRs 在有限的电场下更容易极化。当极化时,这些短程 PNRs 可以转换成长程的宏畴,进而产生大的极化响应。随着温度的升高,PNRs 可以更有效地转化为宏畴,电畴取向更加一致,导致 P_{max} 增加。这些诱导的长程极性结构是不稳定的,并且会随着电场的解除而恢复到其原始状态,从而导致较小的 P_r 和"瘦"的 P—E 回线。后续 P_r 的增加与高温下漏电流的增加有关。即便如此,漏电流密度仍然处于相对较低的水平,P_r 增加幅度不明显。鉴于上述事实,镍基 Mn:BNT—BNZ 薄膜良好的温度稳定性主要源于 PNRs 在温度和电场作用下的连续形成和生长以及低的漏电流密度。随着温度的升高,上述两个振动模式逐渐松弛,表明 B—O 键连接程度变弱,晶胞各向异频率稳定性和抗疲劳特性也是考察电容器实际应用价值的重要指标。

2. 薄膜的频率稳定性

图 8.8(a)显示了镍基 Mn:BNT—BNZ 薄膜在 800 kV/cm 场强下,500 Hz～5 kHz 范围内的 P—E 回线。从图中可以看出频率对 P—E 回线的影响不明显,正如插图所示,P_{max}、P_r 和 $P_{max}-P_r$ 随频率的变化很小。图 8.8(b)给出了 W_{rec}、W_{loss} 和 η 随频率的变化,在整个测试频率范围内,镍基 Mn:BNT—BNZ

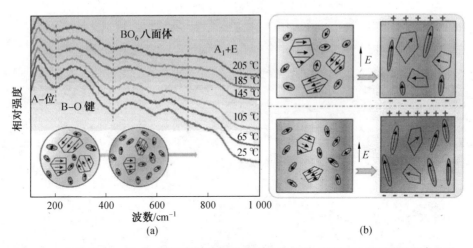

(a)
(b)

图 8.7 (a)镍基 Mn:BNT－BNZ 薄膜的原位变温拉曼光谱,插图显示了薄膜的极性结构随温度的变化;(b)镍基 Mn:BNT－BNZ 薄膜在温度和电场作用下的畴结构演化模型

薄膜的 W_{rec} 仅下降了 4.6%,而 η 基本保持在 69.5% 附近,展现出优异的储能频率稳定性。

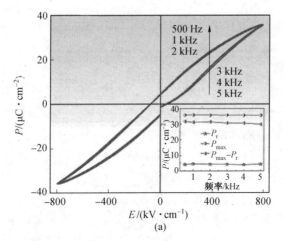

(a)

图 8.8 (a)不同频率下镍基 Mn:BNT－BNZ 薄膜的 $P-E$ 回线,插图为相应的极化强度的变化关系;(b)镍基 Mn:BNT－BNZ 薄膜的储能密度和储能效率随频率的变化关系

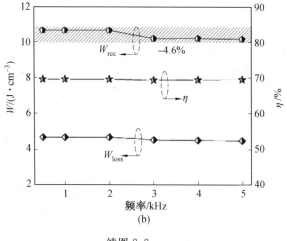

(b)

续图 8.8

3. 薄膜的抗疲劳特性

图 8.9(a)为镍基 Mn:BNT－BNZ 薄膜在 800 kV/cm 下经历 10^8 次充放电循环后的 P－E 回线,插图给出了相应的 P_{max}、P_r 和 P_{max}－P_r 值。可以看出,薄膜在经历 10^8 次充放电循环后,P_{max}、P_r 和 P_{max}－P_r 的变化几乎可以忽略。如图 8.9(b)所示,W_{rec} 和 W_{loss} 分别在 10 J/cm³ 和 4.4 J/cm³ 附近略有波动,η

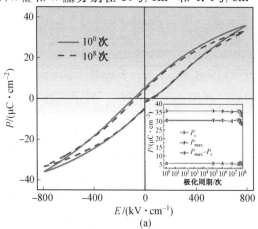

(a)

图 8.9　(a)镍基 Mn:BNT－BNZ 薄膜经历 10^8 次极化循环前后的 P－E 回线,插图为相应的极化强度的变化关系;(b)镍基 Mn:BNT－BNZ 薄膜的储能密度和储能效率随极化循环周期的变化关系

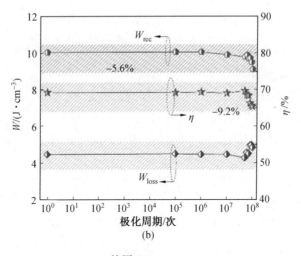

续图 8.9

稳定保持在 69% 左右。随着循环周期持续增加,薄膜的储能特性略有下降。但即使在经历 10^8 次循环后,薄膜的 W_{rec} 仅降低了 5.6%,η 降低了9.2%。结果表明,镍基 Mn:BNT－BNZ 薄膜具有良好的抗疲劳特性。镍基 Mn:BNT－BNZ 薄膜优异的频率稳定性和抗疲劳特性主要得益于 PNRs 的高度动态特性和低的漏电流。

8.2.5　弯曲状态下镍基 Mn:BNT－BNZ 储能薄膜的工作稳定性

对于储能薄膜而言,在弯曲状态下能否保持性能的稳定是决定其能否应用于柔性电子器件的关键。为此,本节研究镍基 Mn:BNT－BNZ 薄膜在不同弯曲条件下的储能特性。如图 8.10(a)和(b)所示,测试时将镍基 Mn:BNT－BNZ 薄膜分别粘贴在具有不同半径的模具的凸面和凹面,以维持薄膜整体的

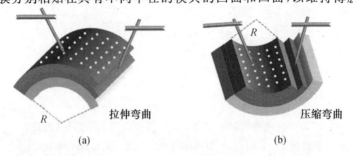

图 8.10　镍基柔性 Mn:BNT－BNZ 薄膜在(a)拉伸和(b)压缩弯曲状态下的电学性能测试示意图

拉伸弯曲和压缩弯曲状态。随着半径 R 从 ∞(平展状态)逐渐减小至 5 mm,薄膜的弯曲程度逐渐增大。

图 8.11(a)显示了镍基柔性 Mn:BNT－BN 薄膜电容器在平展状态和不同拉伸/压缩半径下的 J－E 回线。在不同的弯曲条件下测得的漏电流密度与平展状态相比没有明显变化,如在 500 kV/cm 时漏电流密度均在 10^{-8} A/cm² 附近,表明机械弯曲并没有恶化薄膜的绝缘性能。图 8.11(b)显示了不同弯曲条件下测量的镍基 Mn:BNT－BNZ 薄膜的 P－E 回线,测试电场为 800 kV/cm。图

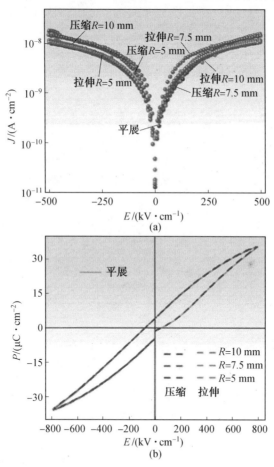

图 8.11　(a)镍基柔性 Mn:BNT－BNZ 薄膜在不同弯曲条件下的 J－E 曲线和(b)P－E 回线;(c)相应的 P_{max}、P_r 和 P_{max}－P_r 随弯曲半径的变化关系;(d)不同拉伸和压缩弯曲半径下镍基 Mn:BNT－BNZ 薄膜的储能密度和储能效率

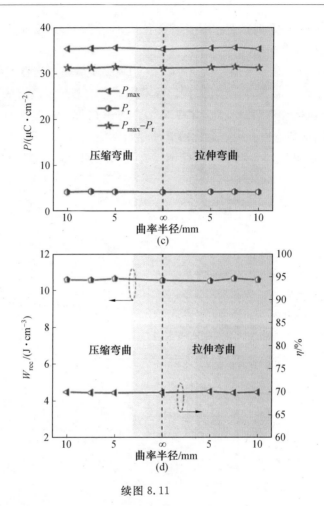

续图 8.11

8.11(c)给出了 P_{max}、P_r 和 $P_{max}-P_r$ 随弯曲半径的变化情况。从图中可以看到,不同弯曲半径下 $P-E$ 回线几乎重合,P_{max}、P_r 和 $P_{max}-P_r$ 基本保持不变。图 8.11(d)总结了不同拉伸和压缩弯曲半径下镍基 Mn:BNT-BNZ 薄膜的 W_{rec} 和 η,显然,其 W_{rec} 和 η 没有明显的波动,变化均在测量误差范围内,证明镍基 Mn:BNT-BNZ 薄膜在弯曲状态下工作稳定,适用于柔性储能器件。

为进一步确认镍基 Mn:BNT-BNZ 薄膜的弯曲服役性能,进行了循环弯曲试验($R \approx 3$ mm),如图 8.12(a)所示。图 8.12(b)显示了薄膜在 800 kV/cm 电场条件下经历 10^4 次拉伸/压缩弯曲前后的 $P-E$ 回线,图 8.12(c)为相应的 P_{max}、P_r 和 $P_{max}-P_r$。可以看出,与初始平展状态时的 $P-E$ 回线相比,镍基 Mn:BNT-BNZ 薄膜经历多次弯曲后的 $P-E$ 回线没有发生明显劣化,P_{max}、

P_r 和 $P_{max} - P_r$ 基本保持一致。从图 8.12(d)可以看出,不同弯曲循环次数对应的 W_{rec} 和 η 波动幅度不明显,其中 W_{rec} 和 η 值的变化在 4.7% 和 2.1% 范围内。结果表明,镍基 Mn:BNT－BNZ 薄膜具有良好的抗机械弯曲能力。

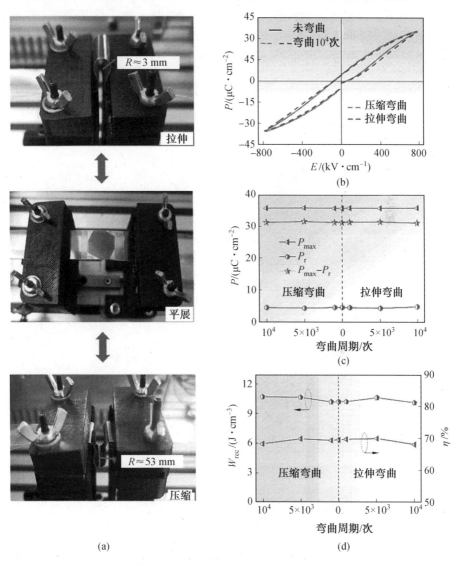

图 8.12　(a)镍基 Mn:BNT－BNZ 薄膜机械弯曲过程实物图;(b)镍基 Mn:BNT－BNZ 薄膜拉伸/压缩弯曲 10^4 次前后的 $P-E$ 回线;相应的(c)P_r、P_{max} 和 $P_{max} - P_r$ 与(d)W_{rec} 和 η 随弯曲循环次数的变化关系

值得一提的是,由于 Mn:BNT－BNZ 生长在超薄的镍箔基板上,而镍箔本身具有良好的延展性,这就赋予了柔性 Mn:BNT－BNZ 薄膜一定的可塑性。基于此,将镍基 Mn:BNT－BNZ 薄膜依次折叠成三角形、正方形、波浪形和螺旋形,并对其进行储能特性测试。图 8.13(a)～(d)显示了镍基 Mn:BNT－BNZ 薄膜在不同折叠状态下的 $P-E$ 回线,插图为不同形状的 Mn:BNT－BNZ 薄膜的实物照片。可以看出,$P-E$ 回线的形状没有发生明显的变化,

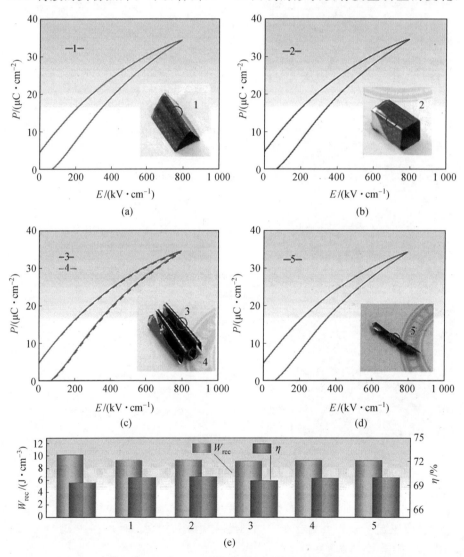

图 8.13 镍基 Mn:BNT－BNZ 薄膜在不同折叠状态下的 $P-E$ 回线

W_{rec} 和 η 也相对稳定,劣化率小于 8%。镍基 Mn:BNT－BNZ 薄膜优异的可塑性和储能特性稳定性使得储能电容器不再拘泥于单一的形状,这对于拓宽储能装置的应用领域具有重要意义。而且镍基 Mn:BNT－BNZ 薄膜电容作为嵌入到器件或系统中的能量模块,其预留的空间可以通过折叠得到进一步压缩,有利于整个器件或系统的集成化和小型化。

长的时效性是材料能够批量生产和储存的重要前提,是实现其进一步商业化的必要条件。基于此,将镍基 Mn:BNT－BNZ 薄膜暴露在空气中 12 个月,然后对其储能特性进行测试。图 8.14(a)比较了镍基 Mn:BNT－BNZ 薄膜 12

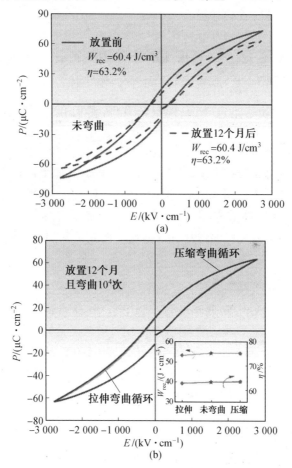

图 8.14　(a)在空气中放置 12 个月前后的镍基 Mn:BNT－BNZ 薄膜的 $P-E$ 回线;(b)镍基 Mn:BNT－BNZ 薄膜放置 12 个月且经历 10^4 次拉伸/压缩弯曲循环后的 $P-E$ 回线,插图为相应的 W_{rec} 和 η 值

个月前后的 $P-E$ 回线。发现即使在 12 个月后，该薄膜的 $P-E$ 回线仍能保持纤细的形状，极化没有表现出大的劣化。储能特性仍保持较高水平（$W_{rec}=$ 54.5 J/cm^3，$\eta=63.3\%$），η 几乎不变，W_{rec} 也仅降低 9.8%。此外，对放置 12 个月的镍基 Mn:BNT－BNZ 薄膜进行了机械拉伸/压缩弯曲循环（$R\approx3$ mm）测试。图 8.14(b) 给出了镍基 Mn:BNT－BNZ 薄膜在弯曲循环 10^4 次前后的 $P-E$ 回线及相应的储能密度和储能效率。从图中可以看出 $P-E$ 回线几乎彼此重叠，并且在拉伸/压缩弯曲循环前后计算的 W_{rec} 和 η 值变化也不明显。以上结果表明，镍基柔性 Mn:BNT－BNZ 薄膜具有较长的"保质期"，能够长时间储存且能保证储能特性的稳定。

8.3 云母基柔性 Mn:BNT－BNZ 薄膜的储能特性

8.3.1 云母基柔性 Mn:BNT－BNZ 薄膜的制备及性能表征

1.薄膜样品的制备

采用溶胶－凝胶法在 LNO(100)/云母（Mica）基底上制备 2%（摩尔分数）Mn 掺杂的 0.6Bi$_{0.5}$Na$_{0.5}$TiO$_3$－0.4BiNi$_{0.5}$Zr$_{0.5}$O$_3$（Mn:BNT－BNZ）薄膜。实验用的云母为二维层状结构，层间结合力较弱，实验前通过刀片将其剥离成几十微米厚且弯曲性能良好的薄片。云母基柔性 Mn:BNT－BNZ 薄膜的制备方法与 8.2.1 节相同。

2.薄膜的结构及性能表征

采用 X 射线衍射仪分析 Mn:BNT－BNZ 薄膜的晶体结构。通过场发射扫描电子显微镜和原子力显微镜（AFM）分别测量薄膜的断面和表面形貌。为进行电学性能测试，利用小型离子溅射仪在 Mn:BNT－BNZ 薄膜表面溅射 Au 顶电极（直径为 0.2 mm 和 0.5 mm）。通过铁电测试系统测试薄膜的 $P-E$ 回线及漏电流特性。根据 $P-E$ 结果计算薄膜的储能特性。

8.3.2 云母基柔性 Mn:BNT－BNZ 铁电薄膜的微观结构

图 8.15(a) 为云母基 2%Mn 掺杂的 0.6Bi$_{0.5}$Na$_{0.5}$TiO$_3$－0.4BiNi$_{0.5}$Zr$_{0.5}$O$_3$（Mn:BNT－BNZ）薄膜的 XRD 图，插图给出了柔性云母及薄膜的实物图，面积为 1.5 cm×1.5 cm。以剥离后的云母薄片为基底生长无机薄膜，从图中可以看出，Mn:BNT－BNZ/LNO/Mica 整体仍然可以保持良好的柔性，弯曲

后表面未出现褶皱与裂纹等机械损伤。通过对比 LNO/Mica 的 XRD 谱图可以看出,Mn:BNT－BNZ 薄膜样品为纯的钙钛矿结构,没有杂相生成。图 8.15(b)给出了 Mn:BNT－BNZ 薄膜的 SEM 断面结构图,观察到 LNO 层和 Mn:BNT－BNZ 层界限清晰且均比较致密,厚度分别约为 400 nm 和 700 nm。图 8.15(c)为 Mn:BNT－BNZ 薄膜表面随机的 2 μm×2 μm 区域 AFM 形貌图。观察到薄膜表面致密、均匀,数据显示 Mn:BNT－BNZ 薄膜的均方根粗糙度 R_{rms} 为 5.12 nm,表明薄膜表面较为光滑平整。

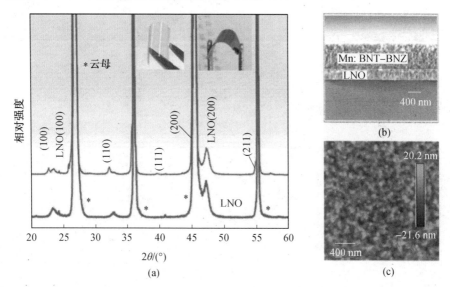

图 8.15　(a)生长在云母基底上的 Mn:BNT－BNZ 柔性薄膜的 XRD 图,插图为柔性云母及薄膜样品的实物图;(b)Mn:BNT－BNZ 薄膜断面 SEM 图;(c)Mn:BNT－BNZ 薄膜的表面 AFM 图

8.3.3　云母基柔性 Mn:BNT－BNZ 铁电薄膜的铁电及储能特性

图 8.16(a)为云母基柔性 Mn:BNT－BNZ 薄膜在不同电场下的室温 $P-E$ 回线,测试频率为 1 kHz。为防止薄膜电击穿,所施加的最大电场($E_{max}=$ 3 000 kV/cm)略低于平均击穿场强(BDS＝3 029 kV/cm)。如图所示,云母基 Mn:BNT－BNZ 薄膜在不同电场下均展现出“瘦腰”的 $P-E$ 回线,具有明显的弛豫特性。随着电场的增加,薄膜的极化强度不断增大,在 3 000 kV/cm 电场条件下,最大极化(P_{max})达到 71.19 μC/cm²,同时也具有最大的 $P_{max}-P_r$ 值,达到 55.98 μC/cm²。图 8.16(b)给出了云母基 Mn:BNT－BNZ 薄膜在不

同场强下的储能密度（W_{rec}）和储能效率（η）。显然，随着场强的增加 W_{rec} 值逐渐上升而 η 逐渐下降。在 3 000 kV/cm 时，W_{rec} 达到 63.21 J/cm^3，η 为 61.9%。

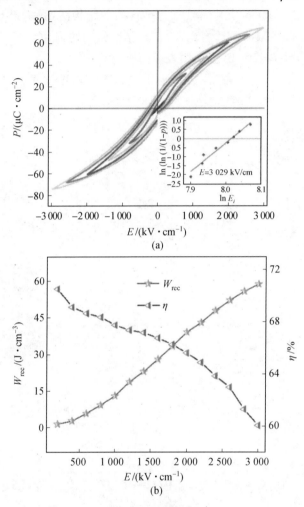

图 8.16　云母基 Mn：BNT－BNZ 薄膜不同电场下的（a）室温
P－E 回线和（b）相应的储能密度及储能效率

8.3.4　云母基柔性 Mn:BNT－BNZ 储能薄膜的弯曲稳定性

图 8.17 给出了云母基柔性 Mn:BNT－BNZ 薄膜在不同弯曲条件下的铁电性能及储能特性。测试时将云母基 Mn:BNT－BNZ 薄膜固定在具有不同曲率半径的模具的凸面和凹面以维持薄膜整体的拉伸和压缩弯曲状态。曲率半

径 R 分别为 10 mm、7.5 mm 和 5 mm。随着 R 从 ∞（平展状态）逐渐减小至 5 mm，薄膜的弯曲程度逐渐增大，所承受的拉应力和压应力也逐渐增大。图 8.17(a)显示了薄膜在压缩和拉伸状态不同曲率半径下的室温 $P-E$ 回线，测试电场为 1 200 kV/cm。如图所示，无论薄膜承受压应力还是拉应力，其 $P-E$ 回线几乎重合，表明机械弯曲并没有恶化薄膜的极化性能。图 8.17(b)给出了不同拉伸/压缩半径下云母基 Mn：BNT－BNZ 薄膜的储能密度（W_{rec}）和储能效率（η），从图中可以看出薄膜的 W_{rec} 和 η 变化不大：W_{rec} 的变化在 1.9% 以内，而 η 几乎保持不变，表明弯曲应力的引入并没有对薄膜的储能特性造成严重的影响。

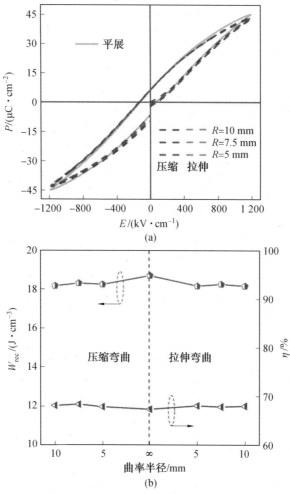

图 8.17　云母基柔性 Mn：BNT－BNZ 薄膜在不同弯曲条件下的(a)$P-E$ 回线和(b)相应的储能密度和储能效率

图 8.18(a)为云母基柔性 Mn:BNT-BNZ 薄膜初始平展状态和经历1 200次拉伸/压缩循环弯曲后的 $P-E$ 回线,其中固定曲率半径为 3 mm,测试电场为 1 200 kV/cm。由图可以看出,云母基 Mn:BNT-BNZ 薄膜经历 1 200 次弯曲后的 $P-E$ 回线基本上与未弯曲时保持一致,可见薄膜的极化性能具有良好的弯曲循环稳定性。图 8.18(b)计算了不同弯曲次数下云母基柔性 Mn:BNT-BNZ 薄膜的储能密度(W_{rec})和储能效率(η)。发现随着弯曲次数增加至1 200 次,薄膜的 W_{rec} 和 η 均波动不大:W_{rec} 的变化在 2.9%以内,η 的变化仅在0.8%以内,表明云母基柔性 Mn:BNT-BNZ 储能薄膜可以在非平面环境下稳定工作。

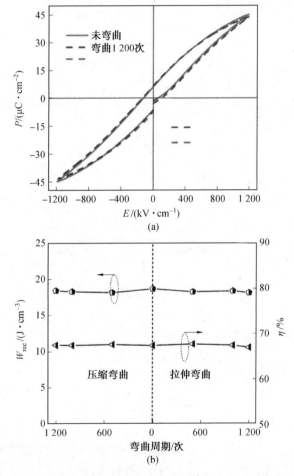

图 8.18　(a)固定弯曲半径 3 mm 压缩和拉伸状态下反复弯曲1 200次前后云母基 Mn:BNT-BNZ 薄膜的 $P-E$ 回线;
(b)储能密度和储能效率随重复机械弯曲次数的变化

8.4　镍基柔性 BNT－BZZ 薄膜的储能特性

8.4.1　镍基柔性 BNT－BZZ 薄膜的制备及性能表征

1. 薄膜样品的制备

采用溶胶－凝胶法在 LNO(100)/镍箔基底上制备 $0.5Bi_{0.5}Na_{0.5}TiO_3$－$0.5BiZn_{0.5}Zr_{0.5}O_3$(BNT－BZZ)薄膜。首先,采用溶胶－凝胶法在洁净的镍箔基底上制备(100)择优取向的 LNO 薄膜作为底电极。然后,制备 BNT－BZZ 前驱体溶液:以硝酸铋、乙酸钠、乙酸锌、正丙醇锆和钛酸四正丁酯为原料;以乙酸和去离子水为溶剂。其中,硝酸铋、乙酸钠过量 10%(摩尔分数)用于补偿退火过程中钠和铋的挥发,且加入适量的聚乙烯吡咯烷酮(PVP)、乙酰丙酮、甲酰胺、乳酸和乙二醇以提高溶液的黏度和稳定性。通过控制乙酸的加入量,将 BNT－BZZ 前驱体溶液的最终浓度调整为 0.3 mol/L。取少量的 BNT－BZZ 胶体滴加在 LNO 底电极上,利用匀胶机涂覆,转速为 3 000 r/min,匀胶时间为 20 s。匀胶完成后,将湿膜置于电热板上 150 ℃加热 3 min。将干燥后的薄膜放至三温区管式炉中进行热处理:410 ℃下保温 5 min,550 ℃下保温 3 min,700 ℃下保温 2 min;重复以上过程直至薄膜达到所需厚度;最后一层湿膜旋涂完成后直接放入管式炉中 700 ℃下退火 10 min。最终得到所需的 BNT－BZZ薄膜。

2. 薄膜的结构及性能表征

采用 X 射线衍射仪分析 Mn:BNT－BNZ 薄膜的晶体结构。通过场发射扫描电子显微镜(FESEM)和原子力显微镜(AFM)分别表征薄膜的断面和表面形貌。为进行电学性能测试,利用小型离子溅射仪在 BNT－BZZ 薄膜表面溅射 Au 顶电极(直径为 0.2 mm 和 0.5 mm)。通过铁电测试系统测试薄膜的 P－E 回线及抗疲劳特性。根据 P－E 结果计算薄膜的储能特性。

8.4.2　镍基柔性 BNT－BZZ 薄膜的微观结构

图 8.19(a)为镍基 $0.5Bi_{0.5}Na_{0.5}TiO_3$－$0.5BiZn_{0.5}Zr_{0.5}O_3$(BNT－BZZ)薄膜的 XRD 图,测量范围为 $20°\sim60°$,以 LNO 底电极的衍射峰为参考可以看出,镍基 BNT－BZZ 薄膜为单一的钙钛矿结构,无杂相生成。图 8.19(b)展示了弯曲状态下的镍基柔性 BNT－BZZ 薄膜的实物图,面积为 1.5 cm×

1.5 cm。显然,弯曲后的薄膜表面未出现皲裂、褶皱、剥落等机械损伤,表现出良好的机械柔性。图 8.19(c)为镍基 BNT－BZZ 薄膜的断面 SEM 图,可以看出 LNO 层和 BNT－BZZ 层均比较致密,没有明显的孔隙和裂纹。LNO 层和 BNT－BZZ 层的厚度分别约为 400 nm 和 700 nm。

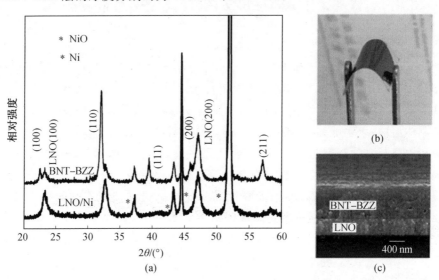

图 8.19 镍基柔性 BNT－BZZ 薄膜的(a)XRD 图、(b)弯曲时的实物图和(c)断面 SEM 图

图 8.20(a)显示了镍基 BNT－BZZ 薄膜在 2 μm×2 μm 范围内扫描的 AFM 表面形貌图。观察到薄膜的结构较为致密,无明显裂纹,存在少许随机分布的微孔,这主要是薄膜在烧结过程中有机物挥发导致的。薄膜表面较为平整,均方根粗糙度为 R_{rms} 为 8.23 nm。图 8.20(b)为镍基 BNT－BZZ 薄膜的 PFM 面外相位图,明暗不同的颜色代表不同的极化方向。图 8.20(c)为对应的相位分布直方图,可以观察到两个明显的尖峰,相位差为 180°。图 8.20(d)给出了线扫描收集到的镍基 BNT－BZZ 薄膜表面高度和相位的信号,相位和高度展现出不同的变化趋势,表明了畴结构信号的真实性。从图 8.20(b)中可以看出镍基 BNT－BZZ 薄膜中遍布着短程有序的极性纳米区域(PNRs),预示了 BNT－BZZ 薄膜的弛豫特性。

8.4.3 镍基柔性 BNT－BZZ 薄膜的铁电性能及储能特性

图 8.21(a)显示了室温下镍基柔性 BNT－BZZ 薄膜在不同场强下的 P-E 回线,测试频率为 1 kHz。插图为薄膜击穿场强的韦伯分布图,通过拟合直

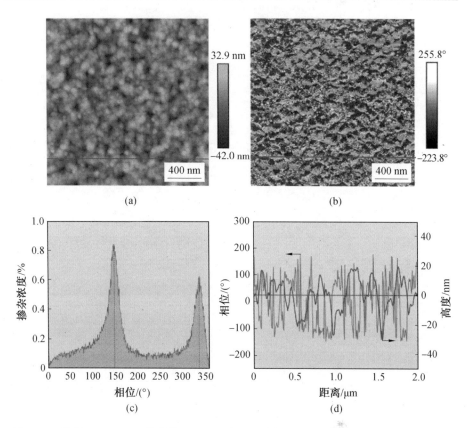

图 8.20　镍基 BNT－BZZ 薄膜的(a)AFM 表面形貌图和(b)面外相位图;相应的(c)相位直方图和(d)线扫描表面高度和相位图

线的截距计算得到镍基 BNT－BZZ 薄膜的平均击穿场强(BDS)为 1 638 kV/cm。随着场强由 200 kV/cm 逐渐增强至 1 600 kV/cm(为防止薄膜电击穿,故施加的最大电场低于 BDS),镍基 BNT－BZZ 薄膜的最大极化强度(P_{max})和剩余极化强度(P_r)不断增大,在 1 600 kV/cm 的电场条件下分别达到最大值,P_{max} 达到 100.48 $\mu C/cm^2$ 而 P_r 仅有 19.67 $\mu C/cm^2$,$P－E$ 回线形状纤瘦表现出明显的弛豫特性,这有利于获得高的储能特性。图 8.21(b)给出了镍基 BNT－BZZ 薄膜在不同场强下的储能密度(W_{rec})和储能效率(η)。由图可以看出,随着场强的增加 W_{rec} 值逐渐上升而 η 逐渐下降。在 1 600 kV/cm 时,W_{rec} 达到 48.1 J/cm^3,η 为 64.5%。通过与第 4 章在硬质 Si 基底生长的 BNT－BZZ 薄膜相比较,发现更换柔性镍箔基底并未削弱该组分薄膜的储能特性。

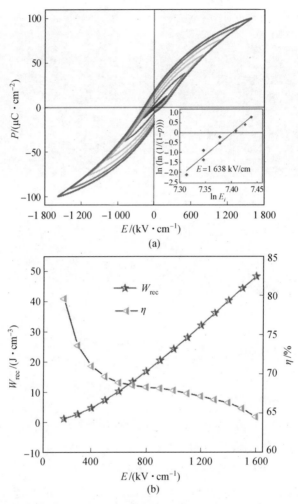

图 8.21　(a)镍基 BNT－BZZ 薄膜不同场强下的室温 $P－E$ 回线，插图为电介质击穿的韦伯分布；(b)BNT－BZZ 薄膜不同电场下的储能密度和储能效率

8.4.4　平面状态下镍基 BNT－BZZ 储能薄膜的工作稳定性

为了评估镍基 BNT－BZZ 薄膜在实际应用中的可靠性，研究了其储能特性对温度和频率的依赖关系。图 8.22(a)给出了镍基 BNT－BZZ 薄膜在 25～165 ℃温度范围内的 $P－E$ 回线，测试电场为 800 kV/cm。可以看出，在测试温度范围内，镍基 BNT－BZZ 薄膜表现出较弱的温度依赖性，其 $P－E$ 回线的形状没有发生明显的变化。随着温度的升高，P_{max} 略有增加，这主要是高温下

PNRs 动力学增加所致。图 8.22(b)显示了镍基 BNT－BZZ 薄膜在不同温度下的储能特性,可以发现该薄膜的 W_{rec} 和 η 在整个测量温度范围内基本保持不变,W_{rec} 仅下降了 4.1% 而 η 也只下降了 2.6%,表明镍基 BNT－BZZ 薄膜具有优异的温度稳定性。

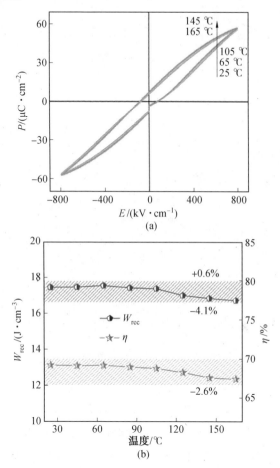

图 8.22　(a)不同温度下镍基 BNT－BZZ 薄膜的 $P-E$ 回线;(b)镍基
BNT－BZZ 薄膜的储能密度和储能效率随测试温度的变化

　　图 8.23(a)给出了镍基 BNT－BZZ 薄膜在 500 Hz～5 kHz 频率范围内的 $P-E$ 回线,测试电场同样为 800 kV/cm。显然,镍基 BNT－BZZ 薄膜也表现出较弱的频率依赖性,不同频率下的 $P-E$ 回线几乎重叠。随着测试频率的增加,P_{max} 略微降低而 P_r 基本保持不变。从图 8.23(b)可以看出,在整个测试频率范围内该薄膜 W_{rec} 和 η 波动不大,W_{rec} 仅降低了 2.7% 而 η 几乎保持不变,说

明镍基 BNT－BZZ 薄膜具备良好的频率稳定性。

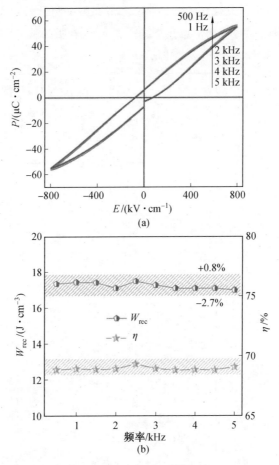

图 8.23　(a)不同频率下镍基 BNT－BZZ 薄膜的 $P-E$ 回线;(b)
镍基 BNT－BZZ 薄膜的储能密度和储能效率随测试频率的变化

　　强的抗疲劳特性是保证电介质电容器长期稳定工作的前提,因此对镍基 BNT－BZZ 薄膜进行充放电循环测试。图 8.24(a)给出了镍基 BNT－BZZ 薄膜经历 10^8 次充放电循环前后的 $P-E$ 回线,场强为 800 kV/cm,测试频率为 1 kHz。可以看出,薄膜即使经高达 10^8 次充放电循环后,其极化性能也没有出现明显的劣化,P_{max} 和 P_r 仍分别维持在 54.9 $\mu C/cm^2$ 和 5.8 $\mu C/cm^2$,与疲劳测试前($P_{max}=56.4$ $\mu C/cm^2$,$P_r=6.0$ $\mu C/cm^2$)相比波动不大。图 8.24(b)给出了镍基 BNT－BZZ 薄膜的储能密度和储能效率随充放电循环次数的变化关系。从图中可以看出,W_{rec} 和 η 较为稳定,在历经 10^8 次充放电循环后,W_{rec} 仅下降了 5.6% 而 η 也只降低了 1.8%,表明所制备的镍基 BNT－BZZ 薄膜具有优异的抗疲劳特性。众所周知,铁电材料的疲劳与电畴反复翻转过程中畴壁的钉扎效应有关,因此,镍基 BNT－BZZ 薄膜优异的抗疲劳特性得益于高度动态的 PNRs。

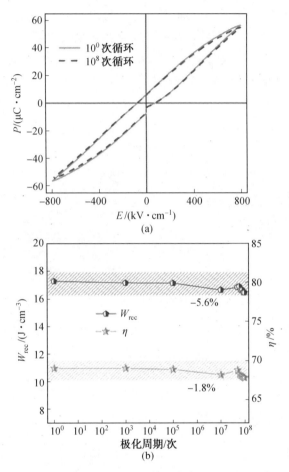

图 8.24 镍基 BNT－BZZ 薄膜在经历 10^8 次充放电循环前后的 $P－E$ 回线;(b)镍基 BNT－BZZ 薄膜的储能密度和储能效率随循环周期的变化关系

8.4.5 弯曲状态下镍基 BNT－BZZ 储能薄膜的工作稳定性

为了评估镍基 BNT－BZZ 储能薄膜在柔性电子中的适用性,研究了其在弯曲条件下的储能特性。测试时将薄膜分别固定在不同曲率半径(R)的模具的凸面和凹面来维持薄膜整体的拉伸弯曲和压缩弯曲状态。图 8.25(a)和(b)分别给出了镍基 BNT－BZZ 薄膜在拉伸弯曲和压缩弯曲状态时不同曲率半径下的 $P-E$ 回线,其中 R 分别为 10 mm、7.5 mm 和 5 mm。从图中可以看出,无论拉伸弯曲还是压缩弯曲,其 $P-E$ 回线与平展状态下相比几乎没有任何差异。如图 8.25(c)所示,不同曲率半径下的 P_{max}、P_r 及 $P_{max}-P_r$ 基本保持稳定,表明在机械弯曲时镍基 BNT－BZZ 薄膜的电极化是非常稳定的。由 $P-E$ 回线计算得出的不同弯曲半径下的储能特性也相当稳定,如图 8.25(d)所示,W_{rec} 和 η 没有明显的波动,W_{rec} 的变化范围在 1.6% 以内,η 的变化率更是不到 0.8%。

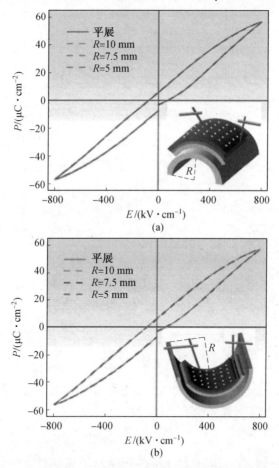

图 8.25　(a)和(b)不同弯曲半径下镍基柔性 BNT－BZZ 薄膜的
$P-E$回线;(c)不同曲率半径下的 P_{max}、P_r 及 $P_{max}-P_r$;(d)不同曲
率半径下的储能密度和储能效率

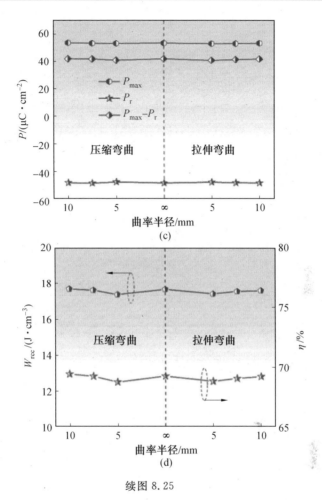

续图 8.25

图 8.26(a)和(b)分别给出了镍基 BNT—BZZ 薄膜在拉伸及压缩应变条件下的储能密度和储能效率随极化循环周期的变化关系,插图为相应的 $P-E$ 回线,固定曲率半径 R 为 5 mm,电场条件为 800 kV/cm。可以看出,镍基柔性 BNT—BZZ 薄膜在小曲率半径的拉伸和压缩条件下经历 10^8 次的极化翻转后,其 $P-E$ 回线仍能保持细长形状,P_{max} 和 P_r 均未出现明显的劣化。拉伸弯曲条件下 W_{rec} 值仅从 17.36 J/cm³ 下降到 16.23 J/cm³,η 值在 67.7%~68.7% 之间轻微波动。压缩弯曲条件下,W_{rec} 和 η 的变化量分别只有 6.2% 和 1.6%。结果表明,在拉伸和压缩两种变形状态下均能保持良好的抗疲劳性能。

图 8.27(a)和(b)分别显示了镍基 BNT—BZZ 薄膜在拉伸及压缩应变条件下储能密度和储能效率随机械弯曲循环周期的变化关系,插图为薄膜经历 10^4

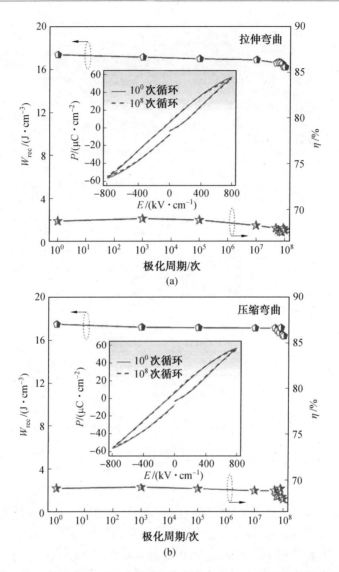

图 8.26 镍基 BNT—BZZ 薄膜在曲率半径为 5 mm 的(a)拉伸应力和(b)压缩应力条件下其储能密度和储能效率随充放电循环周期的变化关系

次机械弯曲前后的 $P-E$ 回线,曲率半径 R 为 3 mm,测试电场为 800 kV/cm。从图中可以看出,无论是拉伸状态还是压缩状态,镍基 BNT—BZZ 薄膜经历 10^4 次机械弯曲后,其 $P-E$ 回线与初始状态相比并未表现出明显的差异,弯曲前后的 $P-E$ 回线几乎重叠。镍基 BNT—BZZ 薄膜经历 10^4 次拉伸弯曲后,W_{rec} 仅下降了 2.3%，η 几乎保持不变。薄膜经历 10^4 次压缩弯曲后，W_{rec} 和 η 的变化率均在 1% 以内。结果表明，镍基 BNT－BZZ 储能薄膜具有优异的抗弯折特性，有望在柔性电子领域得以应用。

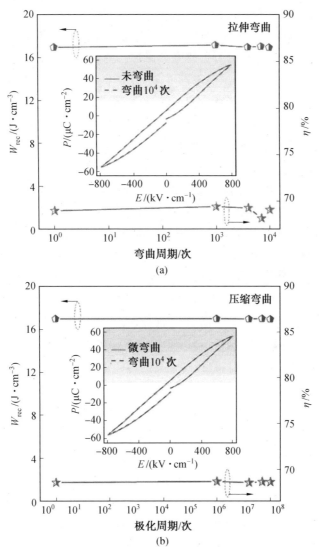

图 8.27　镍基 BNT－BZZ 薄膜在曲率半径为 3 mm 的(a)拉伸应力和(b)压缩应力条件下储能密度和储能效率随机械弯曲循环周期的变化关系

8.5　本　章　小　结

本章通过溶胶－凝胶法在柔性镍箔及云母基底上制备了 Mn：BNT－BNZ 和 BNT－BZZ 薄膜，"一步式"实现了高质量无机电介质储能薄膜的柔性化，并对其储能特性与柔性特性进行了研究和探讨。主要结论如下：

（1）在柔性镍箔基底上成功制备了 Mn：BNT－BNZ 柔性薄膜，由于 Mn 阳离子的多价性可有效抑制氧空位的浓度，从而降低漏电流密度提高薄膜的击穿场强，其击穿场强达到 2 833 kV/cm。该薄膜在 2 800 kV/cm 电场下获得了较为理想的储能特性，储能密度达到 60.4 J/cm³，储能效率也保持在 63.2％的较高水平。由于 Mn：BNT－BNZ 薄膜具有良好的绝缘性和弛豫性，该薄膜在宽温区（25～205 ℃）、宽频率范围（500 Hz～5 kHz）、长期充放电循环（10^8 次）情况下，储能特性仍保持良好的稳定性。

（2）在不同弯曲半径（R）下，甚至在小半径（$R \approx 3$ mm）条件下反复弯曲高达 10^4 次后，镍基 Mn：BNT－BNZ 薄膜仍能保持原有的储能特性。同时，该薄膜具有较长的时效性，在空气中放置 12 个月后，其储能特性和柔性均没有表现出明显的劣化。这些结果表明，镍箔基柔性 Mn：BNT－BNZ 薄膜在未来柔性电子器件中具有潜在的应用前景。而且，镍箔优异的延展性赋予了 Mn：BNT－BNZ薄膜良好的可塑性，可以将其折叠成各种形状，并且在不同的折叠状态下仍然保持良好的储能特性，这无疑为薄膜电容器的设计提供了更多的思路和可能性。

（3）将 Mn：BNT－BNZ 薄膜生长在柔性云母基底上，同样获得了优异的储能特性和机械柔性。该薄膜在 3 000 kV/cm 电场下获得了较高的储能特性（$W_{rec} = 63.21$ J/cm³，$\eta = 61.9％$），与镍基底上生长的薄膜性能相当。在不同的弯曲半径下和 1 200 次拉伸/压缩弯曲循环后，云母基 Mn：BNT－BNZ 薄膜仍能保持稳定的储能特性。

（4）在柔性镍箔基底上成功制备了柔性 BNT－BZZ 薄膜，该薄膜在 1 600 kV/cm 的低电场下获得了较大的储能密度，为 48.1 J/cm³，储能效率为 64.5％，与硬质 Si 基底上生长的 BNT－BZZ 薄膜性能相当。镍基 BNT－BZZ 薄膜还展示了优越的热稳定性（从室温至 165 ℃）、疲劳耐力（10^8 次循环周期）和频率可靠性（500 Hz～5kHz）。而且，该薄膜具有突出的机械弯曲耐力，在不同拉伸/压缩弯曲半径（5～10 mm）下，甚至在固定弯曲半径为 3 mm 下经历

10^4 次弯曲循环后能保持原有的储能特性。

参 考 文 献

[1] HARIBABU P, MAHESH P, GEON H W, et al. High-performance dielectric ceramic films for energy storage capacitors: progress and outlook[J]. Advanced Functional Materials, 2018, 28(42):1-33.

[2] DANG Z M, YUAN J K, YAO S H, et al. Flexible nanodielectric materials with high permittivity for power energy storage [J]. Advanced materials, 2013, 25(44):6334-6365.

[3] MA C H, LIN J C, LIU H J, et al. Van der wails epitaxy of functional MoO_2 film on mica for flexible electronics[J]. Applied Physics Letters, 2016, 108(25):1-9.

[4] ZHOU L, JIANG Y F. Recent progress in dielectric nanocomposites[J]. Materials Science and Technology, 2020, 36(1):1-16.

[5] PAN Z B, YAO L M, ZHAI J W, et al. Ultrafastdischarge and enhanced energy density of polymer nanocomposites loadedwith $0.5(Ba_{0.7}Ca_{0.3})TiO_3$-$0.5Ba(Zr_{0.2}Ti_{0.8})O_3$ one-dimensional nanofibers[J]. Acs Applied Materials & Interfaces, 2017, 9(16): 14337-14346.

[6] ZHANG J H, LI Y, DU J H, et al. Bio-inspired hydrophobic/cancellous/hydrophilic Trimurti PVDF mat-based wearable triboelectric nanogenerator designed by self-assembly of electro-pore-creating [J]. Nano Energy, 2019, 61:486-495.

[7] DU X L, LI Z Y, XU T, et al. Flexible poly(vinylidene fluoride)-based composites with high breakdown strength and energy density induced from poly(anthraquinone sulphide)[J]. Chemical Engineering Journal, 2020, 379(1): 1-12.

[8] PAN H, ZENG Y, SHEN Y, et al. $BiFeO_3$-$SrTiO_3$ thin film as a new lead-free relaxor-ferroelectric capacitor with ultrahigh energy storage performance [J]. Journal of Materials Chemistry A, 2017, 5 (12): 5920-5926.

[9] CHENG H B, OUYANG J, ZHANG Y X, et al. Demonstration of ultra-

high recyclable energy densities in domain-engineered ferroelectric films [J]. Nature Communications, 2017, 8(1):19-29.

[10] BRETOS I, JIMENEZ R, WU A, et al. Activated solutions enabling low-temperature processing of functional ferroelectric oxides for flexible electronics[J]. Advanced Materials, 2014, 26(9):1405-1409.

[11] JING M X, HAN C, LI M, et al. High performance of carbon nanotubes/silver nanowires-PET hybrid flexible transparent conductive films via facile pressing-transfer technique [J]. Nanoscale Research Letters, 2014, 9(1):58-68.

[12] HWANG G, YANG J, YANG S. A reconfigurable rectified flexible energy harvester via solid-state single crystal grown PMN-PZT [J]. Advanced Energy Materials, 2015, 5(10):1-8.

[13] QIAO X S, WU D, ZHANG F D, et al. $Bi_{0.5}Na_{0.5}TiO_3$-based relaxor ferroelectric ceramic with large energy density and high efficiency under a moderate electric field[J]. Journal of Materials Chemistry C, 2019, 7 (34): 10514-10520.

[14] ANTHONIAPPEN J, CHANG W S, SOH A K, et al. Electric field induced nanoscale polarization switching and piezoresponse in Sm and Mn co-doped $BiFeO_3$ multiferroic ceramics by using piezoelectric force microscopy[J]. Acta Materialia, 2017, 132:174-181.

[15] SHVARTSMAN V V, LUPASCU D C. Lead-free relaxor ferroelectrics [J]. Journal of the American Ceramic Society, 2012, 95(1): 1-26.

[16] LUO J, SUN W, ZHOU Z, et al. Domain evolution and piezoelectric response across thermotropic phase boundary in (K, Na) NbO_3-based epitaxial thin films[J]. Acs Applied Materials & Interfaces, 2017, 9 (15):13315-13322.

[17] FU J, ZUO R Z. Giant electrostrains accompanying the evolution of a relaxor behavior in $Bi(Mg,Ti)O_3$-$PbZrO_3$-$PbTiO_3$ ferroelectric ceramics [J]. Acta Materialia, 2013, 61(10): 3687-3694.

[18] XU Q, LI T M, HAO H, et al. Enhanced energy storage properties of $NaNbO_3$ modified $Bi_{0.5}Na_{0.5}TiO_3$ based ceramics [J]. Journal of the European Ceramic Society, 2015, 35(2): 545-553.

[19] TANAKA H. Growth of (Ⅲ)-oriented $BaTiO_3$-Bi ($Mg_{0.5}$ $Ti_{0.5}$) O_3 epitaxial films and their crystal structure and electrical property characterizations[J]. Journal of Applied Physics, 2012, 111(8):136-118.

[20] YANG C H, LV P P, QIAN J, et al. Fatigue-free and bending-endurable flexible Mn-doped $Na_{0.5}$ $Bi_{0.5}$ TiO_3-$BaTiO_3$-$BiFeO_3$ film capacitor with an ultrahigh energy storage performance[J]. Advanced Energy Materials, 2018, 9(18):39-49.

[21] PU Y P, WANG W, GUO X. Enhancing the energy storage properties of $Ca_{0.5}Sr_{0.5}TiO_3$-based lead-free linear dielectric ceramics with excellent stability through regulating grain boundary defects [J]. Journal of Materials Chemistry C, 2019, 7(45): 14384-14393.

[22] SHEN B Z, LI Y, HAO X H. Multifunctional all-inorganic flexible capacitor for energy storage and electrocaloric refrigeration over a broad temperature range based on PLZT 9/65/35 thick films[J]. ACS Applied Materials & Interfaces, 2019, 11(37):34117-34127.

[23] SLODCZYK A, COLOMBAN P. Probing the nanodomain origin and phase transition mechanisms in (Un)poled PMN-PT single crystals and textured ceramics[J]. Materials, 2010, 3(12): 5007-5028.

[24] ZANNEN M, KHEMAKHEM H, KABADOU A, et al. Structural, Raman and electrical studies of 2 at. %Dy-doped BNT[J]. Journal of Alloys & Compounds, 2013, 555:56-61.

[25] SUN Y B, ZHAO Y Y, XU J W. Phase transition, large strain and energy storage in ferroelectric $Bi_{0.5}Na_{0.5}TiO_3$-$BaTiO_3$ ceramics tailored by ($Mg_{1/3}Nb_{2/3}$)$^{4+}$ complex ions[J]. Journal of Electronic Materials, 2019, 49(2): 1131-1141.

[26] WANG K, OUYANG J, MANFRED W, et al. Superparaelectric ($Ba_{0.95}$, $Sr_{0.05}$) ($Zr_{0.2}$, $Ti_{0.8}$) O_3 ultracapacitors [J]. Advanced Energy Materials, 2020, 10(37):1-6.

[27] GAO J H, LIU Y B, WANG Y, et al. High temperature-stability of ($Pb_{0.9}La_{0.1}$) ($Zr_{0.65}$ $Ti_{0.35}$) O_3 ceramic for energy-storage applications at finite electric field strength[J]. Scripta Materialia 2017, 137:114-118.

[28] ZHENG D G, ZUO R Z. Enhanced energy storage properties in La

$(Mg_{1/2}Ti_{1/2})O_3$-modified $BiFeO_3$-$BaTiO_3$ lead-free relaxor ferroelectric ceramics within a wide temperature range[J]. Journal of the European Ceramic Society 2017, 37(1): 413-418.

[29] LI P, CHENG X Q, WANG F F, et al. Microscopic insight into electric fatigue resistance and thermally stable piezoelectric properties of (K, Na) NbO_3-based ceramics [J]. ACS Applied Materials & Interfaces, 2018, 10(34): 28772-28779.

[30] ZHOU Z, GAI L L, WANG X, et al. A plastic-composite-plastic structure high performance flexible energy harvester based on PIN-PMN-PT single crystal/epoxy 2-2 composite [J]. Applied Physics Letters, 2017, 110(10):103-111.

第9章 柔性 BNT 基多层薄膜的储能特性

9.1 概　　述

随着微电子技术向柔性化和微型化方向发展,具有快速充放电速率和高储能密度的柔性薄膜电容器越来越受到人们的关注。当前储能薄膜体系的研究主要集中在如何提高材料的储能密度上,其中研究较为广泛的方法是对材料进行化学改性,如利用离子掺杂或固溶取代的方式修饰晶格结构、降低铁电畴间的强耦合效应及调控缺陷浓度等,但是这种方法对储能密度的提升往往非常有限。因为化学改性的出发点是改善材料自身的结构特性,增强击穿场强或者极化强度以提高其储能密度,而高击穿与高极化之间往往存在着"倒置"关系,它们的提高往往是以牺牲对方为代价。因此,如何打破这种"倒置关系"实现击穿与极化强度的共赢,才是大幅度提高薄膜材料储能密度的关键。

在前面的章节中,介绍了通过化学改性的方法设计储能特性显著增强的 $Mn:Bi_{0.5}Na_{0.5}TiO_3-BiNi_{0.5}Zr_{0.5}O_3(Mn:BNT-BNZ)$ 及 $Bi_{0.5}Na_{0.5}TiO_3-BiZn_{0.5}Zr_{0.5}O_3(BNT-BZZ)$ 弛豫型铁电薄膜,但是他们的储能密度与研究现状相比还存在一定差距,而限制它们储能特性的主要原因就是高击穿与高极化的无法兼顾。基于这一问题,本章以高击穿场强的 Mn:BNT-BNZ 薄膜和高极化强度的 BNT-BZZ 薄膜为基础材料,在柔性镍箔基底上生长构建不同堆垛周期数(N)的多层薄膜(注:膜总厚度相等,且双层膜与多层膜中两种薄膜子层的累加厚度相等,共占1∶1),如图9.1所示。利用电场放大效应和界面效应实现了击穿场强与极化强度的同时优化,极大地提高了薄膜的储能特性,并对储能增强机制展开深入的讨论。

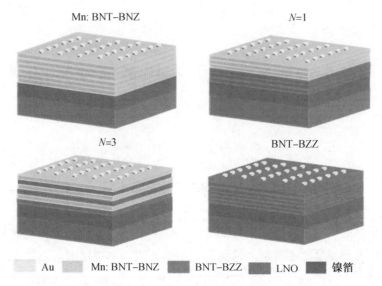

图 9.1　Mn：BNT－BNZ、BNT－BZZ、Mn：BNT－BNZ/BNT－BZZ 多层膜结构示意图

9.2　BNT 基多层薄膜的制备及性能表征

9.2.1　薄膜样品的制备

采用溶胶－凝胶法于 LNO(100)/镍箔基底上制备 $Mn：Bi_{0.5}Na_{0.5}TiO_3$ －
$BiNi_{0.5}Zr_{0.5}O_3/Bi_{0.5}Na_{0.5}TiO_3$ － $BiZn_{0.5}Zr_{0.5}O_3$（Mn：BNT－BNZ/BNT－BZZ）
多层薄膜。采用溶胶－凝胶法制备厚度约为 400 nm 的 $LaNiO_3$（LNO）底电
极。然后制备 Mn：BNT－BNZ 和 BNT－BZZ 前驱体溶液：以硝酸铋、乙酸钠、
乙酸镍、正丙醇锆、钛酸四正丁酯、乙酸锰和乙酸锌为原料。以乙酸和去离子水
为共溶剂。其中，硝酸铋、乙酸钠过量 10%（摩尔分数）用于补偿退火过程中钠
和铋的挥发。同时，加入适量的聚乙烯吡咯烷酮(PVP)、乙酰丙酮、甲酰胺和乳
酸，以提高溶液的稳定性，避免薄膜出现裂纹。通过控制乙酸的加入量，将
Mn：BNT－BNZ 和 BNT－BZZ 前驱体溶液的最终浓度调整为 0.3 mol/L。取
少量的前驱体溶液滴加在 LNO 底电极上，利用匀胶机涂覆，转速为 3 000 r/min，匀
胶时间为 20 s。匀胶完成后，将湿膜置于电热板上 150 ℃加热 3 min。将干燥
后的薄膜放至三温区管式炉中进行热处理：410 ℃下保温 5 min，550 ℃下保温
3 min，700 ℃下保温 2 min；重复以上过程直至薄膜达到所需厚度；最后一层
湿膜旋涂完成后直接放入管式炉中 700 ℃下退火 10 min。通过交替生长 Mn：
BNT－BNZ 和 BNT－BZZ 层获得多层膜，两种化合物的层厚比设计为 1∶1。

为方便电学性能测试,使用直流溅射将直径为 0.2 mm 和 0.5 mm 的 Au 电极作为顶电极沉积在膜表面上,以形成具 Au/BNT 薄膜/LNO 结构的电容器。

9.2.2　薄膜的结构及性能表征

利用 X 射线衍射仪测量薄膜的晶体结构。采用原子力显微镜(AFM)和场发射扫描电子显微镜(FESEM)分别研究了表面微观结构和断面形貌。采用安捷伦 E4980A LCR 分析仪对其介电性能进行了研究。通过铁电测试系统测试薄膜的电滞回线($P-E$ 回线)、抗疲劳特性及漏电流特性。利用阻抗分析仪测量阻抗谱,通过阻抗分析软件(Zsimpwin)拟合复阻抗实验数据。根据 $P-E$ 结果计算薄膜的储能特性。

9.3　BNT 基多层薄膜的微观结构

图 9.2(a)为 Mn:BNT−BNZ/BNT−BZZ 多层薄膜的 XRD 图,测量范围为 20°~60°。从图中观察到 $N=1$ 和 $N=3$ 多层薄膜均为单一的钙钛矿结构,无明显的第二相生成。图 9.2(b)和(d)为二者的断面 SEM 图,可以看出薄膜的结构较为致密,没有明显的裂纹,存在少许随机分布的微孔,这可能是薄膜在高温烧结过程中有机物的挥发造成的。LNO 底电极和多层薄膜的界面较为清晰,厚度分别约为 400 nm 和 700 nm。图 9.2(c)和(e)分别为 $N=1$ 和 $N=3$ 多层薄膜表面随机的 2 μm×2 μm 区域内扫描的 AFM 形貌图,两种薄膜的表面较为平整,起伏不大,数据显示其均方根粗糙度 R_{rms} 分别为 7.21 nm 和 6.47 nm。

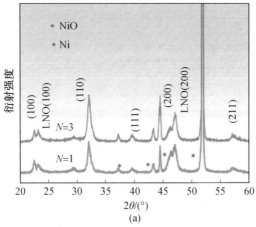

图 9.2　(a)Mn:BNT−BNZ/BNT−BZZ 多层薄膜的 XRD 图;(b)$N=1$ 双层膜的断面 SEM 图;(c)$N=1$ 双层膜的表面 AFM 图;(d)$N=3$ 多层膜的断面 SEM 图;(e)$N=3$ 多层膜的表面 AFM 图

(b)　　　　　(c)　　　　　(d)　　　　　(e)

续图 9.2

9.4　BNT 基多层薄膜的电学性能

9.4.1　薄膜的介电性能

图 9.3 显示了 Mn:BNT－BNZ 及 BNT－BZZ 单层薄膜与 Mn:BNT－BNZ/BNT－BZZ($N=1$ 和 3)多层薄膜的介电常数和介电损耗随频率的变化。随着频率的增加,各样品的介电常数均略有下降,而在频率变化过程中,介电损耗保持在较低水平,适合在较宽的频率范围内使用。结果表明,BNT－BZZ 薄膜的介电常数明显高于 Mn:BNT－BNZ 薄膜。同时,由于介质耦合效应,多层膜的介电常数位于 Mn:BNT－BNZ 薄膜和 BNT－BZZ 薄膜之间,介电常数适中。此外,与 $N=1$ 的多层薄膜相比,$N=3$ 的多层薄膜具有更好的介电性能,即更高的介电常数。介电常数随堆垛周期数(N)的增加而增加,这可能与界面

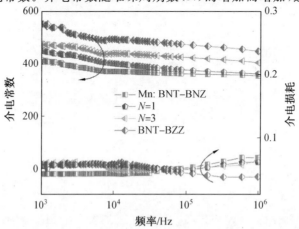

图 9.3　单层及多层薄膜的介电频谱图

效应有关,如界面极化、空间电荷效应和静电层间耦合。一般来说,高介电常数助于实现大的极化,进而获得高储能密度。

9.4.2　薄膜的极化性能

图 9.4 为 Mn:BNT－BNZ 及 BNT－BZZ 单层薄膜与 Mn:BNT－BNZ/BNT－BZZ($N=1$ 和 3)多层薄膜在 1 600 kV/cm(低于所有薄膜的 BDS)的固定电场及室温下的 $P－E$ 回线。很明显,单层 BNT－BZZ 薄膜拥有大的 P_{max} 和 P_r,而单层 Mn:BNT－BNZ 薄膜 P_{max} 和 P_r 均较小。由于两者之间的极化耦合作用,多层薄膜的极化强度呈现出"平均"极化的效果。此外,$N=3$ 多层薄膜的 P_{max} 比 $N=1$ 双层薄膜要高,这主要与两子层薄膜间的去极化场有关。由于 Mn:BNT－BNZ 层与 BNT－BZZ 层之间的极化失配会在界面处产生退极化场,这不利于薄膜的极化行为。随着堆垛周期数增加,退极化场因为应力释放或层间界面局部电荷聚集而减小,从而使得耦合极化强度增加。

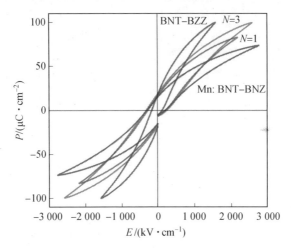

图 9.4　单层及多层薄膜在 1 600 kV/cm 下的室温 $P－E$ 回线

9.4.3　薄膜的电击穿及漏电特性

图 9.5(a)给出了 Mn:BNT－BNZ/BNT－BZZ 多层薄击穿场强(BDS)的韦伯分布图。通过拟合直线的截距计算得到 $N=1$ 和 $N=3$ 多层膜的 BDS 值分别为 2 186kV/cm 和 2 627 kV/cm,相较单层的 BNT－BZZ 薄膜(BDS＝1 638 kV/cm)分别提高了 33％和 60％。这与其漏电流密度的变化趋势一致,如图 9.5(b)所示。低的漏电流密度有助于获得高的 BDS,而 $N=3$ 多层薄膜

的漏电流密度低于 $N=1$ 双层薄膜,所以获得了比 $N=1$ 双层薄膜高的 BDS。

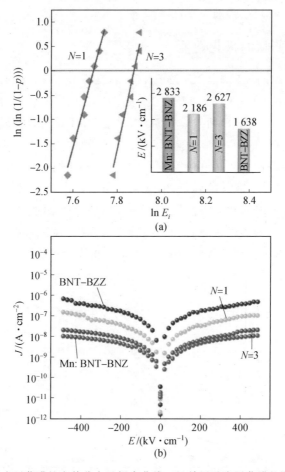

图 9.5 (a)多层薄膜的韦伯分布及拟合曲线;(b)单层及多层薄膜的漏电流特性

9.5 BNT 基多层薄膜击穿场强增强机制探讨

9.5.1 电场放大效应增强击穿场强

根据高斯定理可知,多层电介质材料构成的电极板内部的电介质,在层间界面上的电位移矢量相同,即

$$\varepsilon_1 E_1 = \varepsilon_2 E_2 = \cdots = \varepsilon_{k-1} E_{k-1} = \varepsilon_k E_k \qquad (9.1)$$

式中,ε_i 为第 i 层位置的电介质材料的介电常数;E_i 为第 i 层位置的场强。在

多层电介质材料构成的电极板内部,各层的电压分配遵循串联电压分配法则,即

$$E_1 d_1 + E_2 d_2 + \cdots + E_{k-1} d_{k-1} + E_k d_k = ED \tag{9.2}$$

其中,$E_i = u_i / d_i$;$D = d_1 + d_2 + \cdots + d_{k-1} + d_k$;$E = U/D$。由式(9.1)变换,以第 i 层位置介电材料的场强来表达各层介电材料的内部场强,即 $E_j = \dfrac{\varepsilon_i E_i}{\varepsilon_j}$,且 $j = 1, 2, \cdots, k-1, k$。将其代入式(9.2)中得

$$\frac{\varepsilon_i E_i}{\varepsilon_1} d_1 + \frac{\varepsilon_i E_i}{\varepsilon_2} d_2 + \cdots + \frac{\varepsilon_i E_i}{\varepsilon_{k-1}} d_{k-1} + \frac{\varepsilon_i E_i}{\varepsilon_k} d_k = ED \tag{9.3}$$

整理得

$$E_i = ED / \left[\varepsilon_i \sum_{j=1}^{k} \frac{d_j}{\varepsilon_j} \right] \tag{9.4}$$

式中,E 为电极板内部的场强;D 为电极板层间距离;E_i 为电极板内部第 i 层电介质的场强;d_i 为电极板内部第 i 层电介质的层厚。

本实验构建的多层结构中,设 Mn:BNT-BNZ 为 A,BNT-BZZ 为 B,当堆垛周期为 $N=1$(即 AB 组合型)时,设 A 的介电常数为 ε_A,其内部场强为 E_A,B 的介电常数为 ε_B,其内部场强为 E_B,由于 AB 的厚度相等,所以厚度均为 $D/2$。由式(9.4)整理得

$$E_1 = ED / \left[\frac{D}{2} + \frac{D\varepsilon_1}{2\varepsilon_2} \right] = 2E\varepsilon_2 / \left[\varepsilon_2 + \varepsilon_1 \right]$$

$$E_2 = ED / \left[\frac{D\varepsilon_2}{2\varepsilon_1} + \frac{D}{2} \right] = 2E\varepsilon_1 / \left[\varepsilon_1 + \varepsilon_2 \right]$$

其中,$\varepsilon_1 = \varepsilon_A$;$\varepsilon_2 = \varepsilon_B$,所以整理得

$$\begin{cases} E_1 = 2E\varepsilon_B / [\varepsilon_A + \varepsilon_B] \\ E_2 = 2E\varepsilon_A / [\varepsilon_A + \varepsilon_B] \end{cases} \tag{9.5}$$

当堆垛周期 $N=3$(即 ABABAB 组合型)时,由于每层厚度相等,所以每层厚度为 $D/6$。由式(9.4)整理得

复合电介质材料组合中,第 1 层电介质材料的内部场强为

$$E_1 = ED / \left[\varepsilon_1 \left(\frac{D}{6\varepsilon_1} + \frac{D}{6\varepsilon_2} + \frac{D}{6\varepsilon_3} + \frac{D}{6\varepsilon_4} + \frac{D}{6\varepsilon_5} + \frac{D}{6\varepsilon_6} \right) \right]$$

整理得

$$E_1 = 6E / \left[\frac{\varepsilon_1}{\varepsilon_1} + \frac{\varepsilon_1}{\varepsilon_2} + \frac{\varepsilon_1}{\varepsilon_3} + \frac{\varepsilon_1}{\varepsilon_4} + \frac{\varepsilon_1}{\varepsilon_5} + \frac{\varepsilon_1}{\varepsilon_6} \right]$$

同理,第 i 层电介质材料的内部场强为

$$E_i = 6E \bigg/ \left[\frac{\varepsilon_i}{\varepsilon_1} + \frac{\varepsilon_i}{\varepsilon_2} + \frac{\varepsilon_i}{\varepsilon_3} + \frac{\varepsilon_i}{\varepsilon_4} + \frac{\varepsilon_i}{\varepsilon_5} + \frac{\varepsilon_i}{\varepsilon_6} \right]$$

其中,复合电介质材料组合中,第 1、3、5 层电介质为 A 材料,第 2、4、6 层电介质为 B 材料,即 $\varepsilon_1 = \varepsilon_3 = \varepsilon_5 = \varepsilon_A$;$\varepsilon_2 = \varepsilon_4 = \varepsilon_6 = \varepsilon_B$,所以整理得

$$E_1 = 6E \bigg/ \left[\frac{\varepsilon_A}{\varepsilon_A} + \frac{\varepsilon_A}{\varepsilon_B} + \frac{\varepsilon_A}{\varepsilon_A} + \frac{\varepsilon_A}{\varepsilon_B} + \frac{\varepsilon_A}{\varepsilon_A} + \frac{\varepsilon_A}{\varepsilon_B} \right] = 2E\varepsilon_B / [\varepsilon_A + \varepsilon_B]$$

同理

$$E_2 = 2E\varepsilon_A / [\varepsilon_A + \varepsilon_B]$$

各层电介质材料的内部场强为

$$\begin{cases} E_1 = 2E\varepsilon_B / [\varepsilon_A + \varepsilon_B] \\ E_2 = 2E\varepsilon_A / [\varepsilon_A + \varepsilon_B] \\ E_3 = 2E\varepsilon_B / [\varepsilon_A + \varepsilon_B] \\ E_4 = 2E\varepsilon_A / [\varepsilon_A + \varepsilon_B] \\ E_5 = 2E\varepsilon_B / [\varepsilon_A + \varepsilon_B] \\ E_6 = 2E\varepsilon_A / [\varepsilon_A + \varepsilon_B] \end{cases} \tag{9.6}$$

由以上分析可得,通过构造多层薄膜,分配在大介电常数 BNT−BZZ 层的实际场强小于施加的电场 E,达到了电场放大的效果,所以构建 Mn:BNT−BNZ/BNT−BZZ 多层膜结构的 BDS 显著高于 BNT−BZZ 单层薄膜。而且,由于 $N=1$ 和 $N=3$ 构建结构中,A 和 B 的总厚度相等且每层厚度平均,所以在外加场强相同的情况下,A 层和 B 层在两种结构中分配到的电场是相同的。理论上,两者的 BDS 应该相等,而实际实验结果 $N=3$ 多层薄膜的 BDS 却明显高于 $N=1$ 双层薄膜,所以,界面效应对击穿场强的影响不容忽视。

9.5.2 有限元仿真模拟多层膜的电击穿特性

为进一步了解界面对 BDS 提高的影响,基于 dielec 击穿模型(DBM)并通过 MATLAB 数值计算软件开展有限元计算,研究了 $N=1$ 和 $N=3$ 两种多层膜中电树的生长阻碍情况。根据针板电极的电压和电介质材料组合结构,设置针板电极上下边界的电位及其内部初始电场分布和初始电位,由匀强电场中的电压与电场关系可知,$E=U/D$,并且 $U=u_{up}-u_{down}$;结合各层电介质材料的内部场强,进而求得的各层电介质层间界面上的电位如下:

自下而上,第 1 层电介质下边界电位为 u_{down},上边界电位为

$$u_1 = u_{down} + E_1 d_1 \tag{9.7}$$

第 2 层电介质下边界电位等于第 1 层电介质上边界电位 u_1,其上边界电

位为

$$u_2 = u_1 + E_2 d_2 \tag{9.8}$$

以此类推,第 i 层电介质下边界电位等于第 1 层电介质上边界电位 u_{i-1},其上边界电位为

$$u_i = u_{i-1} + E_i d_i \tag{9.9}$$

电击穿树演化自放电起始端(针尖)向下边界电极板"进步式"演化,考虑电击穿的树演化分布具有随机性,并且击穿需要达到电介质材料的电击穿阈值 u_c,且电击穿树内部通道电压降为 u_s,因此确定电击穿树演化的发展点概率为

$$p_{ij} = \begin{cases} |u_{ij} - u'_{ij}|^{\eta} / \sum |u_{ij} - u'_{ij}|^{\eta} & (u_{ij} > u_c) \\ 0 & (u_{ij} \leqslant u_c) \end{cases} \tag{9.10}$$

式中,p_{ij} 为电击穿树演化的发展点概率;η 为介质材料电击穿发展的随机概率指数;u_{ij} 为电极板内部可能发展的放电点电位;u'_{ij} 为电极板内部可能发展的被击穿点的电位;u_c 为介电材料自身的电击穿阈值。

根据 Mn:BNT－BNZ 和 BNT－BZZ 两种薄膜材料的击穿场强和介电性能,设定初始条件:电极板层间距离 $D = 700$ nm,电极板下边界电位 $u_{down} = 0$ V;A 电介质材料的介电常数 $\varepsilon_A = 394$,介质电击穿发展随机概率指数 $\eta_A = 0.5$,介电材料自身的电击穿阈值 $u_{cA} = 1.0$,电击穿树内部通道电压降为 $u_{sA} = 1.0$;B 的电介质材料的介电常数 $\varepsilon_B = 503$,介质电击穿发展随机概率指数 $\eta_B = 0.5$,介电材料自身的电击穿阈值 $u_{cB} = 0.06$,电击穿树内部通道电压降为 $u_{sB} = 0.3$。模拟不同电压 u_{up} 条件下的电树枝演变情况,定量预测多层膜的击穿场强。图 9.6 给出了 $u_{up} = 126$ V($E = 1\,800$ kV/cm)、155 V($E = 2\,214$ kV/cm)和186 V($E = 2\,657$ kV/cm))的电树生长情况。从图中能够直观地观察到分布在 BNT－BZZ 层的电场明显低于分布在 Mn:BNT－BNZ 层的电场,起到了明显的电场放大效应。当 $u_{up} = 126$ V 时,如图 9.6(a)和(d)所示,两种薄膜均未击穿,但能清晰观察到 $N = 1$ 双层薄膜中的电树生长深度大于 $N = 3$ 多层薄膜,可以看出,界面对电树的发展起到了阻碍作用。当 u_{up} 增加到 155 V 时,如图 9.6(b)所示,电树穿透了 $N = 1$ 整个双层膜,表明发生了击穿。而如图 9.6(e)所示 $N = 3$ 多层膜的电树被阻挡在了多层膜内,表明未发生击穿。当 u_{up} 继续增加到 186 V 时,$N = 3$ 多层膜发生击穿,如图 9.6(f)所示。模拟得到 $N = 1$ 双层膜的 BDS 为 $2\,214$ kV/cm,$N = 3$ 多层膜的 BDS 为 $2\,657$ kV/cm,和实验值非常接近。从模拟结果可以看出,界面对电树的发展起到了阻碍作用,导致击穿场强随界面数目的增加而增加。

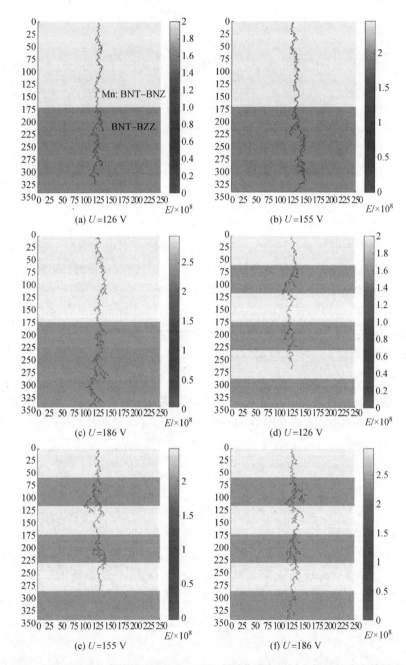

图 9.6　有限元仿真模拟 $N=1$ 和 $N=3$ 多层薄膜在不同电场下的演变情况

9.5.3　界面电阻效应增强击穿场强

为了进一步揭示界面对漏电流及击穿场强的影响,对单层和多层薄膜进行阻抗测试。图 9.7 给出了不同温度下单层和多层薄膜的复阻抗的奈奎斯特图。结果表明,$N=3$ 多层薄膜的电阻明显大于 BNT－BZZ 单层薄膜,而且 $N=3$ 多层薄膜的半圆形状与单层薄膜不同。对于单层薄膜,建立由两个串联的并联单元组成的等效电路来模拟曲线(图 9.7(a)和(c)的插图)。拟合数据与实验数据基本一致,表明等效电路是合理的。从单层薄膜的结构来看,这两个平行的单元对应于晶粒和晶界。然而,等效电路不适合模拟 $N=3$ 多层薄膜的数据。根据奈奎斯特图的特点,建立了三个并联单元串联的等效电路(图9.7(b)的插图),拟合数据与实验数据基本一致,表明等效电路的合理性。与单层薄膜相比,具有异质结构的多层薄膜在 Mn:BNT－BNZ 层和 BNT－BZZ 层之间有一个界面,这可能是一个外部阻抗源。也就是说,三种电响应分别由晶粒、晶界和层间界面引起。麦克斯韦－瓦格纳多层介质模型表明,由于介质的介电常数和电导率不同,自由电荷会在界面处累积。界面电荷的聚集带来了界面能垒,阻碍了载流子的传输,如图 9.7(d)所示。因此,$N=3$ 多界面多层膜的漏电流小于 $N=1$ 单界面多层膜的漏电流,因此 $N=3$ 多层膜的 BDS 大于 $N=1$ 多层膜的 BDS。

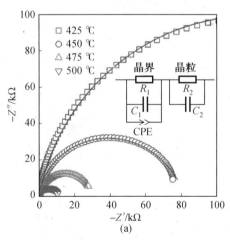

图 9.7　(a)Mn:BNT－BNZ 单层薄膜、(b)BNT－BZZ 单层薄膜及(c)$N=3$ 多层薄膜在不同温度下的复阻抗图,插图为等效电路;(d)界面中双肖特基势垒的示意图

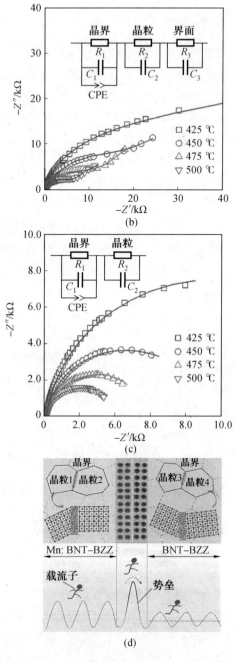

续图 9.7

9.6　BNT 基多层薄膜的储能特性

图 9.8(a)和(c)为 Mn：BNT－BNZ/BNT－BZZ 多层薄膜在不同电场下的 $P-E$ 回线，施加电场从 200 kV/cm 逐渐增强至各自的 BDS 附近。从图中可以看出，$N=1$ 和 $N=3$ 多层膜均表现出"瘦腰"的电滞回线，伴随有较小的 P_r，具有明显的弛豫特性。随着场强的不断增加，极化强度不断增强，$N=1$ 双层薄膜在 2 200 kV/cm 电场下的 P_{max} 达到 84.73 $\mu C/cm^2$；$N=3$ 多层薄膜在 2 600 kV/cm 电场下的 P_{max} 达到 99.85 $\mu C/cm^2$，均较单层的 Mn：BNT－BNZ 薄膜有显著的提高。根据 $P-E$ 回线结果计算出以上两种薄膜的储能密度和效率，如图 9.8(b)和(d)所示。显然，随着外加场的增大，W_{rec} 值不断增大而 η 值则呈相反趋势。$N=1$ 双层薄膜在 2 200 kV/cm 电场下的 W_{rec} 和 η 分别为 55.3 J/cm³ 和 60.6%。$N=3$ 多层薄膜在 2 600 kV/cm 电场下的 W_{rec} 达到 80.4 J/cm³，η 为 62.0%。

为了更直观地比较单层和多层薄膜的储能特性，分析各薄膜样品在其各自 BDS 附近的单极 $P-E$ 回线，如图 9.9(a)所示。从图中可以明显看出，与其他薄膜相比，$N=3$ 多层薄膜的极化差值（$P_{max}-P_r=79.0$ $\mu C/cm^2$）和 BDS（2 627 kV/cm）同时得到了明显的改善，能获得更加优异的储能特性。根据

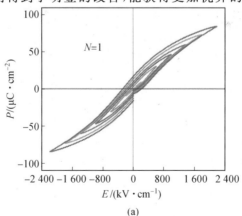

(a)

图 9.8　$N=1$ 双层薄膜在不同电场下的(a)$P-E$ 回线及 (b)储能密度和储能效率随电场的变化关系；$N=3$ 多层薄膜在不同电场下的(c)$P-E$ 回线及(d)储能密度和储能效率随电场的变化关系

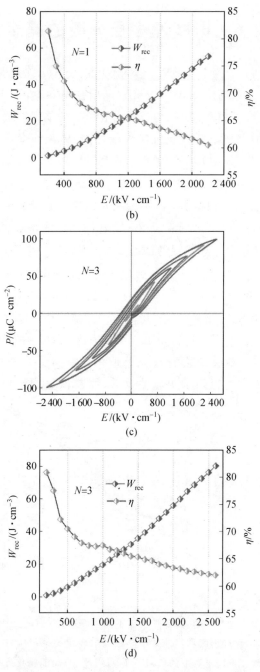

续图 9.8

$P-E$ 曲线计算得到单层和多层薄膜的储能密度和储能效率,如图 9.9(b)所示。$N=3$ 多层膜的 W_{rec} 较单层的 Mn:BNT－BNZ 薄膜($P_{max}-P_r=57.3$ $\mu C/cm^2$,$W_{rec}=60.4$ J/cm^3)提高了 33%,而与单层的 BNT－BZZ 薄膜(BDS = 1 638 kV/cm,$W_{rec}=48.1$ J/cm^3)相比更是提高了 67.2%。与最近报道的其他无机柔性膜材料相比,$N=3$ 多层薄膜的储能特性明显优于其他大多数薄膜。尽管 $N=3$ 多层膜的 W_{rec} 低于 Mn:BNT－BT－BF 薄膜(W_{rec} 约为 81.9 J/cm^3)和 BNKT/BSMT 多层膜(W_{rec} 约为 91 J/cm^3),但 $N=3$ 多层膜具有明显的厚度优势,其总储能要大得多。这些结果充分揭示了 $N=3$ 多层膜在储能电容器中的优越性。

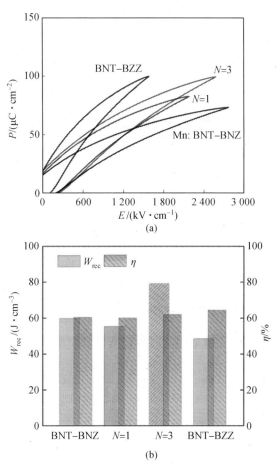

图 9.9　(a)各薄膜在其各自击穿场强下的单极 $P-E$ 回线;
(b)各薄膜在其各自击穿场强下的储能密度和储能效率

9.7 柔性 BNT 基多层薄膜储能特性的稳定性

9.7.1 平面状态下多层薄膜储能特性的稳定性

在实际应用中,宽范围的温度响应、频率响应和疲劳寿命是影响电介质电容器工作可靠性的关键。为了评估 $N=3$ 多层薄膜在储能电容器领域的实用性,对其储能特性的稳定性进行进一步的研究。图 9.10(a)给出了 $N=3$ 多层薄膜在 25~205 ℃温度范围内的 $P-E$ 回线,测试电场为 1 200 kV/cm。由图可以看出,在测试温度范围内,$P-E$ 回线并未表现出明显的变化。随着温度

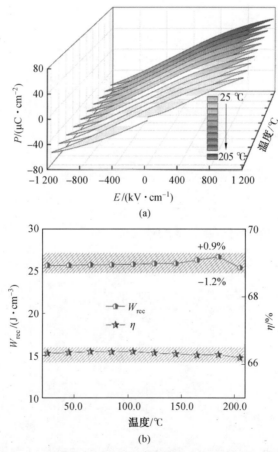

图 9.10 (a)不同温度下 $N=3$ 多层薄膜的 $P-E$ 回线;(b)$N=3$
多层薄膜储能密度和储能效率随测试温度的变化规律

的升高，P_{max} 呈现出轻微增加的趋势，这主要是高温下热活性增强，PNRs 动力学增加所致。图 9.10(b) 显示了 $N=3$ 多层薄膜储能密度 (W_{rec}) 和储能效率 (η) 随温度的变化情况，可以发现该薄膜的 W_{rec} 和 η 在整个测量温度范围内均比较稳定，W_{rec} 上下波动在 1.2% 以内而 η 基本保持恒定，表明 $N=3$ 多层薄膜具有优异的热稳定性。

图 9.11(a) 给出了 $N=3$ 多层薄膜在 500 Hz～5 kHz 频率范围内的 $P-E$ 回线，测试电场同样为 1 200 kV/cm。显然，$P-E$ 回线随频率变化并未出现明显的变化。随着测试频率的增加 P_{max} 略微降低而 P_r 基本保持不变。从图 9.11(b) 中可以清晰地观察到，在整个测试频率范围内该薄膜 W_{rec} 和 η 波动不大，W_{rec} 整体仅降低了 2.2% 而 η 维持在 65.8% 附近，表明镍基 $N=3$ 多层薄膜具备良好的频率稳定性。

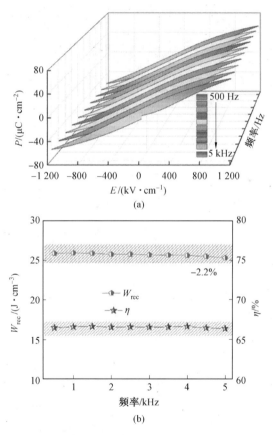

图 9.11　(a) 不同频率下 $N=3$ 多层薄膜的 $P-E$ 回线；(b) $N=3$ 多层薄膜储能密度和储能效率随测试频率的变化规律

从应用的角度来看,良好的抗疲劳特性是薄膜电容器能够承受长期充放电循环的基本保障,因此对 $N=3$ 多层薄膜进行了充放电循环测试。图 9.12(a)显示了 $N=3$ 多层薄膜经历 10^8 次充放电循环前后的 $P-E$ 回线,场强为 1 200 kV/cm。图 9.12(b)给出了相应的 W_{rec} 和 η 随充放电循环次数的变化。可以看出,薄膜经历 10^8 次充放电循环后,其 P_{max} 出现轻微的下降,但劣化程度不明显,P_{max} 仅从 56.4 $\mu C/cm^2$ 下降到 54.8 $\mu C/cm^2$,P_r 则保持在 5.84 $\mu C/cm^2$。从图 9.12(b)可以看出,W_{rec} 和 η 较为稳定,在历经 10^8 次充放电循环后,W_{rec} 仅下降了 5.5% 而 η 也只降低了不到 1%,表明所制备的 $N=3$ 多层薄膜具有优异的抗疲劳特性。

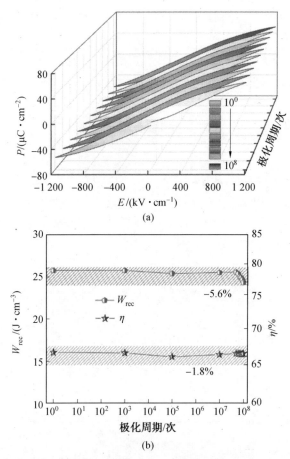

图 9.12 (a) $N=3$ 多层薄膜在经历 10^8 次充放电循环前后的 $P-E$ 回线和(b) $N=3$ 多层薄膜储能密度和储能效率随循环周期的变化关系

9.7.2　弯曲状态下多层薄膜储能特性的稳定性

由于储能电容器在非平面条件下工作时不可避免地会发生变形,因此小曲率半径下的机械应力对其储能特性的影响至关重要。图 9.13(a)和(b)分别给出了拉伸和压缩弯曲状态下薄膜的 $P-E$ 回线及相应的测试示意图。从图中可以看出,当曲率半径减小到 5 mm 时,薄膜的 $P-E$ 回线依然没有明显变化,与初始状态几乎重叠。从图 9.13(c)可以更加直接地观察到,随着弯曲半径的改变,P_{max}、P_r 和 $P_{max}-P_r$ 几乎保持恒定,表明了 $N=3$ 多层薄膜极化性能在弯曲状态下的稳定性。图 9.13(d)给出了薄膜在不同弯曲状态下的储能特性,显然储能特性非常稳定,其 W_{rec} 和 η 的变化率都在 1% 以内。

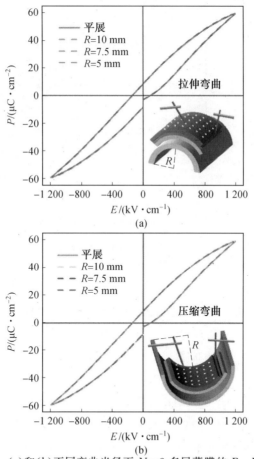

图 9.13　(a)和(b)不同弯曲半径下 $N=3$ 多层薄膜的 $P-E$ 回线;
(c)不同曲率半径下的 P_{max}、P_r 及 $P_{max}-P_r$;(d)不同曲率半径下的
储能密度和储能效率

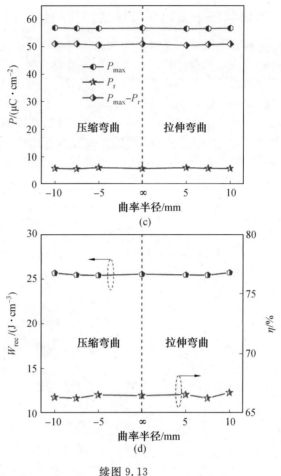

续图 9.13

　　良好的抗弯曲疲劳性能是保证薄膜能够应用于柔性电子系统中的另一个关键指标。图 9.14(a)和(c)分别给出了 $N=3$ 多层薄膜在经历 10^4 次拉伸和压缩弯曲前后平展状态下的 $P-E$ 回线,插图为薄膜在反复机械弯曲过程中弯曲状态的实物图。从图中可以看出,重复的机械弯曲过后薄膜的极化性能有轻微下降的趋势。图 9.14(b)和(d)绘制了薄膜在经历不同弯曲周期后的 W_{rec} 和 η。结果显示,$N=3$ 多层薄膜经过反复拉伸弯曲 10^4 次后,W_{rec} 仅下降了 4.1% 而 η 仅下降了不到 1%;薄膜经历反复压缩弯曲 10^4 次后,W_{rec} 也仅下降了 3.9% 而 η 更是仅下降了 0.6%,表现出良好的抗弯曲疲劳性能。以上结果表明,$N=3$ 多层薄膜在各种柔性电子器件中具有较为理想的应用前景。

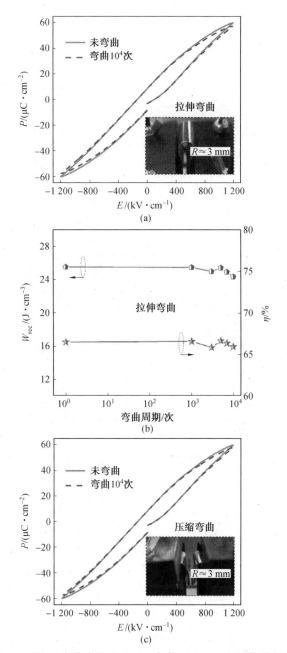

图 9.14　(a)和(b)弯曲半径为 3 mm 条件下 $N=3$ 多层薄膜机械弯曲 10^4 次前后的 $P-E$ 回线;(c)和(d)储能密度和储能效率随重复机械弯曲次数的变化

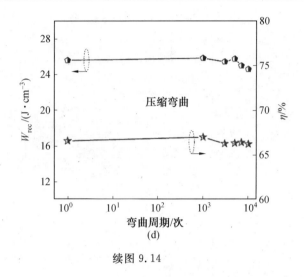

续图 9.14

9.8 本章小结

本章以高击穿场强的 Mn:BNT－BNZ 薄膜和高极化的 BNT－BZZ 薄膜为基础在柔性镍箔基底上构建堆垛周期 $N=1$ 和 $N=3$ 的多层薄膜,基于电场放大效应和界面效应同时增强了击穿场强和极化性能,储能特性显著提高。同时,对增强机制尤其是击穿场强增强机制进行了深入的分析和探讨,并对多层薄膜的弯曲特性进行了测试,主要结论如下:

(1)受益于 BNT－BZZ 层的高极化性能,Mn:BNT－BNZ/BNT－BZZ 多层薄膜获得了高的"平均极化",而且增加堆垛界面有利于提高其"平均极化"。

(2)由于 Mn:BNT－BNZ 薄膜和 BNT－BZZ 薄膜的介电常数差异较大,当两种材料堆垛在一起时,基于高斯定理,分配在高介电常数、低 BDS 的 BNT－BZZ 层的电场明显小于 Mn:BNT－BNZ 层,使得 BNT－BZZ 层的实际电场小于施加电场,起到了电场放大效应,显著提高了多层薄膜的 BDS。

(3)通过有限元仿真模拟薄膜内部电树的生长情况,可以很直观地看出界面对电树的生长起到阻碍作用。通过阻抗测试得知,Mn:BNT－BNZ 和 BNT－BZZ 之间的界面会产生肖特基势垒,阻碍载流子的传输,揭示了增加堆垛周期会进一步降低漏电流提高 BDS 的起源。

(4)堆垛周期数 $N=3$ 的多层薄膜击穿场强达到 2 627 kV/cm,相较单层的 BNT－BZZ 薄膜提高了 60%。其在 2 600 kV/cm 电场下的 P_{max} 达到

99.85 μC/cm^2,较单层的 Mn:BNT－BNZ 薄膜提高了 41%。$N=3$ 多层薄膜的 W_{rec} 达到 80.4 J/cm^3,η 为 62.0%。其 W_{rec} 较单层的 Mn:BNT－BNZ 薄膜提高了 33%,而与单层的 BNT－BZZ 薄膜相比更是提高了 67.2%。$N=3$ 的多层薄膜具有良好的温度、频率稳定性,以及优异的抗疲劳特性和抗机械弯曲耐力。

参 考 文 献

[1] XU H Z，WANG Y P，LIANG Z，et al. Influence of annealing on the structure and ferroelectric properties of Sr$_{0.13}$Na$_{0.37}$Bi$_{0.50}$TiO$_3$ thin films prepared by metalorganic solution deposition[J]. Journal of Alloys & Compounds，2010，504(1):155-158.

[2] XU H Z，LIANG Z，WANG Y P，et al. Preparation and characterization of Ca$_{0.18}$Na$_{0.32}$Bi$_{0.50}$TiO$_3$ ferroelectric thin films by metalorganic solution deposition[J]. Journal of Alloys & Compounds，2010，489(1):136-139.

[3] GENG F J，YANG C H，LV P P，et al. Effects of Zn^{2+} doping content on the structure and dielectric tunability of non-stoichiometric [(Na$_{0.7}$K$_{0.2}$Li$_{0.1}$)$_{0.45}$Bi$_{0.55}$]TiO$_{3+\delta}$ thin film[J]. Journal of Materials Science Materials in Electronics，2016，27(3):2195-2200.

[4] ZHANG Y，LI W，XU S，et al. Interlayer coupling to enhance the energy storage performance of Na$_{0.5}$Bi$_{0.5}$TiO$_3$-SrTiO$_3$ multilayer films with the electric field amplifying effect[J]. J Mater Chem A. 2018，6(47):24550-24559.

[5] LIU M，ZHU H，ZHANG Y，et al. Energy storage characteristics of BiFeO$_3$/BaTiO$_3$ Bi-layers integrated on Si[J]. Materials，2016，9(11):935.

[6] LV P，YANG C，QIAN J，et al. Flexible lead-free perovskite oxide multilayer film capacitor based on(Na$_{0.8}$K$_{0.2}$)$_{0.5}$Bi$_{0.5}$TiO$_3$/B$_{0.5}$S$_{0.5}$(Ti$_{0.97}$Mn$_{0.03}$)O$_3$ for high-performance dielectric energy storage[J]. Advanced Energy Materials，2020，10(14):1904229.

[7] OKATAN M B，MANTESE J V，ALPAY S P. Polarization coupling in ferroelectric multilayers[J]. Physical Review B Condensed Matter，2009，

22(17):1-9.

[8] LV P P, YANG C H, QIAN J. Flexible lead-free perovskite oxide multilayer film capacitor based on $(Na_{0.8}K_{0.2})_{0.5}Bi_{0.5}TiO_3/Ba_{0.5}Sr_{0.5}(Ti_{0.97}Mn_{0.03})O_3$ for high-performance dielectric energy storage[J]. Advanced Energy Materials, 2020, 10(14):1-14.

[9] SHEN B, LI Y, SUN N, et al. Enhanced energy-storage performance of an all-inorganic flexible bilayer-like antiferroelectric thin filmviausing electric field engineering[J]. Nanoscale, 2020, 12(16):8958-8968.

[10] CHENG Z Y. Review of recent advances of polymer based dielectrics for high-energy storage in electronic power devices from the perspective of target applications[J]. Frontiers of Chemical Science and Engineering, 2021, 15(1): 18-34.

[11] LI Y, YANG H, HAO X, et al. Enhanced electromagnetic interference shielding with low reflection induced by heterogeneous double-layer structure in $BiFeO_3/BaFe_7(MnTi)_{2.5}O_{19}$ composite[J]. Journal of Alloys and Compounds, 2019, 772:99-104.

[12] ADAMS T B, SINCLAIR D C, WEST A R. Characterization of grain boundary impedances in fine- and coarse-grained $CaCu_3Ti_4O_{12}$ ceramics [J]. Physical review. B, Condensed matter, 2006, 73(9): 94124.

[13] GUO F, SHI Z, YANG B, et al. Flexible lead-free $Na_{0.5}Bi_{0.5}TiO_3$-$EuTiO_3$ solid solution film capacitors with stable energy storage performances [J]. Scripta Materialia, 2020, 184:52-56.

[14] YANG C, LV P, QIAN J, et al. Fatigue-free and bending-endurable flexible Mn-doped $Na_{0.5}Bi_{0.5}TiO_3$-$BaTiO_3$-$BiFeO_3$ film capacitor with an ultrahigh energy storage performance[J]. Advanced energy materials, 2019, 9(18):1803949.

[15] LEE H J, WON S S, CHO K H, et al. Flexible high energy density capacitors using La-doped $PbZrO_3$ anti-ferroelectric thin films[J]. Applied Physics Letters, 2018, 112(9): 9290.

[16] LIANG Z, LIU M, SHEN L, et al. All-inorganic flexible embedded thin-film capacitors for dielectric energy storage with high performance [J]. ACS Appl Mater Interfaces 2019,11(5):5247-5255.

[17] LIANG Z, MA C, SHEN L, et al. Flexible lead-free oxide film capacitors with ultrahigh energy storage performances in extremely wide operating temperature[J]. Nano Energy. 2019, 57:519-527.

[18] SHEN B Z, LI Y, HAO X. Multifunctional all-inorganic flexible capacitor for energy storage and electrocaloric refrigeration over a broad temperature range Based on PLZT 9/65/35 thick films[J]. ACS applied materials & interfaces, 2019,11(37):34117-34127.

[19] YANG C, QIAN J, HAN Y, et al. Design of an all-inorganic flexible $Na_{0.5}Bi_{0.5}TiO_3$-based film capacitor with giant and stable energy storage performance[J]. Journal of Materials Chemistry A, 2019, 7 (39): 22366-22376.

[20] YANG C, QIAN J, LV P, et al. Flexible lead-free BFO-based dielectric capacitor with large energy density, superior thermal stability, and reliable bending endurance[J]. Journal of Inorganic Materials, 2020, 6 (1):200-208.

[21] ZHENG D G, ZUO R Z. Enhanced energy storage properties in La $(Mg_{1/2}Ti_{1/2})O_3$-modified $BiFeO_3$-$BaTiO_3$ lead-free relaxor ferroelectric ceramics within a wide temperature range[J]. Journal of the European Ceramic Society, 2017, 37(1): 413-418.

第 10 章 总结与展望

本书以 BNT 薄膜为研究对象,围绕如何有效提升其电介质储能特性展开研究工作。通过组分及结构设计,实现了对薄膜内部微观结构调控及极化行为的优化,建立了微观结构与宏观电学性能间的内在关系,揭示了储能特性增强影响机制,极大地改善了 BNT 薄膜的储能特性。同时,将高储能的 BNT 基无铅薄膜与耐高温柔性基底集成,"一步式"实现了高质量无机电介质储能薄膜的柔性化。

BNT 薄膜是一种优秀的电介质储能材料,展示了非常广阔的应用前景。但不容忽视的是,其储能密度及储能效率仍不理想,与实际应用要求还有差距。导致这一结果的根本原因在于 BNT 基铁电薄膜材料剩余极化较大及耐击穿性不佳。因此,如何进一步降低剩余极化并提高击穿场强是增强其储能特性的关键。而基于组分调控与制备工艺优化改善储能特性的效果具有很大的随机性,对 BNT 基铁电材料并不具有普遍意义。因此如何从 BNT 本征极性结构包括铁电单胞结构、铁电畴等入手,探索本征极性结构与储能行为间的内在关联,建立通过本征极性结构精准调控储能特性的方法是未来需开展的首要研究工作。

BNT 基柔性薄膜在制备工艺上已取得技术性突破,但仍然难以获得具有低表面粗糙度、高结晶度、高致密度且与柔性基底完美匹配的柔性薄膜材料,如何实现 BNT 基柔性薄膜材料的可控制造是在工艺上面临的一个技术难题。因此,BNT 基柔性薄膜材料未来的研究工作可在前驱体配制、旋涂工艺及烧结工艺等多方面开展,进一步探索各段工艺对柔性薄膜结构与性能的影响机制,解决薄膜生长过程中所面临的热力学和动力学科学问题。

本质上,铁电材料的电学能量储存问题就是极化随外电场的演变行为,因此探索铁电材料极性结构对外电场的响应机制,进而揭示储能过程中的能量传输与转换本质显得尤为重要。尽管本研究已对 BNT 基膜材料的储能理论进行了一定程度的探讨,但在很多方面仍不明晰。在未来的工作中,应根据 BNT

基膜材料的极性结构及其微区电学性能,通过模拟及计算建立微观与宏观模型,结合其储能行为,分析所储存能量的来源与本质,从而完善 BNT 基铁电材料的储能理论,并建立材料储能行为的调控方法。